大健康的守护神
— 药 用 真 菌 —

翁　梁　朱燕玲　李士广　张圣杰 / 编著

刘喜一　温　鲁 / 审稿

U0219922

中国轻工业出版社

图书在版编目（CIP）数据

药用真菌／翁梁等编著. — 北京：中国轻工业出版社，2021.11

（大健康的守护神）

ISBN 978-7-5184-2740-6

Ⅰ. ①药… Ⅱ. ①翁… Ⅲ. ①药用菌类－真菌 Ⅳ. ①Q949.32

中国版本图书馆 CIP 数据核字（2019）第253972号

责任编辑：江 娟 王 韧 责任终审：张乃東 整体设计：锋尚设计
策划编辑：江 娟 责任监印：张 可

出版发行：中国轻工业出版社（北京东长安街6号，邮编：100740）
印 刷：三河市万龙印装有限公司
经 销：各地新华书店
版 次：2021年11月第1版第4次印刷
开 本：889×1194 1/32 印张：6
字 数：136千字
书 号：ISBN 978-7-5184-2740-6 定价：36.00元
邮购电话：010-65241695
发行电话：010-85119835 传真：85113293
网 址：http://www.chlip.com.cn
Email：club@chlip.com.cn
如发现图书残缺请与我社邮购联系调换
211290K1C104ZBW

序

关于药用真菌，有些读者有一定的了解，但多数读者对此还很陌生。不管了解还是陌生，灵芝和冬虫夏草都是知道的，它们就是典型的药用真菌，与很多其他药用真菌一起，为医治人类疾病、保障民众健康发挥了积极作用。近年来，科研人员在该领域进行广泛深入的研究，已取得丰硕成果，企业界也研发出很多产品，使药用真菌逐渐进入大众的视野。

介绍药用真菌的书籍可分为学术著作和科普读物两大类。学术著作专业术语多、试验数据多，普通读者难以阅读；科普读物浅显易懂，但往往缺少翔实的理论和数据。如何将学术和科普结合起来，让专业人士和普通读者都能阅读，本书进行了有益的尝试。

本书具有以下特点，其一，是兼顾学术和科普两个方面。从学术角度介绍药用真菌的科研成果和研究进展，同时介绍相关的历史文化、神话传说和人文典故，丰富药用真菌的底蕴，拉近了和普通读者的距离。读者可以根据自身情况，对书中内容进行选择性阅读。

其二，本书对药用真菌的描述有详有略。药用真菌多达数百种，研究、开发和应用情况各不相同，很难用统一体例和篇幅详细描述每种药用真菌。为此，对大家耳熟能详的灵芝和冬虫夏草、极具开发前景的蛹虫草和蝉花，以及南方新兴的牛樟芝和北方新兴的桦褐孔菌，详细到每种单列一部分；对香菇、木耳等具有药用价值的八种常见食用菌，描述较为详细，但集中放到一部分；其他有实际应用的十八种药用真菌，则用一部分进行简略描述；其余四百多种不常见或不常应用的药用真菌，在最后一部分以名录形式列出。

其三，前七部分内容丰富，为方便读者阅读，每部分开头简要介绍本部分内容，帮助读者先对本部分有初步了解。没有时间详细阅读的读者，通过提要能大概了解本部分内容，再酌情选读；对只需知道结论的读者，看过提要即可达到目的。

其四，描述产品时提出存在问题和建议。为帮助消费者选择药用真菌产品，书中对一些种类的产品和市场进行了简单介绍或分析，有的会指出问题、提出建议，希望引起厂家重视，进行改进，以利于引导消费者购买和拓展国内外市场。所提问题和建议如有不当，可以商榷。

本书为方便阅读，特别是照顾到许多中老年读者的外语水平，将外文词汇尽量改成中文，只在第十部分保留了各菌种的拉丁文名称。另外，书中简略描述的一些药用真菌，也可能会有较多应用，但由于篇幅所限，难以对每一种都进行详尽描述，请有关同仁和广大读者见谅。

本书作者研究食药用菌多年，有着较为深厚的积累。这次从古代医药典籍到现代学术著作，从高校研究报告到医院临床试验，从市场有关产品到网络信息反馈，查考辨正，博采众长，并融入自己的研究成果与心得，悉心打造，终得书稿。奉献给读者的作品应该尽善尽美，书中如有未及或欠妥之处，还请读者不吝赐教，我们将不胜感谢。

温　鲁

2019年5月

目录

第一部分 药用真菌的古往今来

一 什么是药用真菌 014

二 古代的药用真菌 015

三 现代药用真菌的药效研究 016

　　1. 抗衰老作用 016

　　2. 抗肿瘤作用 017

　　3. 对心血管系统作用 017

　　4. 降血脂作用 018

　　5. 保肝作用 018

　　6. 抗病毒作用 019

四 功效成分 019

　　1. 真菌多糖 019

　　2. 三萜类化合物 021

　　3. 其他活性物质 022

第二部分 "仙草"灵芝

一 神话传说 024

　　1. 盗仙草 024

　　2. 麻姑献寿 025

　　3. 其他传说 026

二 祛病延年 027

　　1. 典籍记述 027

　　2. 药用功效 ·· 028

　　3. 药理作用 ·· 029

三　功效成分 ·· 036

　　1. 灵芝多糖 ·· 037

　　2. 灵芝酸 ·· 038

　　3. 其他活性成分 ······································ 039

四　灵芝产品 ·· 040

第三部分　瑰宝牛樟芝

一　台湾奇珍 ·· 043

　　1. 开兰始祖吴沙 ······································ 043

　　2. 森林中的红宝石 ···································· 044

二　"灵芝王" ··· 045

　　1. 抗肿瘤作用 ·· 045

　　2. 保护肝脏作用 ······································ 048

　　3. 降"三高"作用 ···································· 049

　　4. 免疫调节作用 ······································ 050

　　5. 抗氧化和抗衰老作用 ································ 050

　　6. 抗炎作用 ·· 051

三　功效成分 ·· 052

　　1. 多糖 ·· 052

　　2. 三萜类化合物 ······································ 053

　　3. 安卓奎诺尔 ·· 053

四　主要产品 ·· 054

第四部分　神秘的桦褐孔菌

一　《癌症楼》 056

二　"西伯利亚灵芝" 060

　　1. 抗肿瘤作用 061

　　2. 降血糖作用 062

　　3. 免疫调节作用 063

　　4. 抗病毒作用 064

　　5. 抗氧化作用 064

　　6. 其他药理作用 065

三　功效成分 066

　　1. 多糖 066

　　2. 三萜类化合物 066

　　3. 桦褐孔菌醇 067

　　4. 超氧化物歧化酶 067

　　5. 黑色素 067

四　主要产品 068

第五部分　你不知道的蛹虫草

一　虫与菌的神秘结合 070

二　大自然的恩赐 071

　　1. 免疫调节作用 072

　　2. 抗肿瘤作用 072

　　3. 抗氧化、抗衰老作用 073

　　4. 雄性激素样作用 074

　　5. 抑菌、抗炎作用 074

　　　　6. 镇静、催眠作用 ·············· 075

　　　　7. 其他药理作用 ··············· 075

　　三　功效成分 ·················· 075

　　　　1. 虫草素 ················· 075

　　　　2. 虫草多糖 ················ 084

　　　　3. 腺苷 ·················· 086

　　　　4. 虫草酸 ················· 086

　　四　主要产品 ·················· 087

　　　　1. 初级产品 ················ 087

　　　　2. 深加工产品 ··············· 088

第六部分　神坛上的冬虫夏草

　　一　稀缺和天价 ················· 091

　　二　功效不凡 ·················· 092

　　　　1. 传说故事 ················ 092

　　　　2. 典籍记述 ················ 093

　　　　3. 免疫调节作用 ·············· 095

　　　　4. 保护肾脏作用 ·············· 096

　　　　5. 抗肿瘤作用 ··············· 097

　　　　6. 降血糖作用 ··············· 099

　　　　7. 抗氧化与抗衰老作用 ··········· 099

　　　　8. 其他药理作用 ·············· 100

　　三　活性成分 ·················· 100

　　　　1. 虫草多糖 ················ 100

　　　　2. 核苷类化合物 ·············· 101

　　　　3. 虫草酸 ················· 101

4. 麦角固醇 102

5. 微量元素 102

四 主要产品 103

第七部分 明目护肾的蝉花

一 低调的奇药 105

二 药理功效 106

1. 免疫调节作用 106

2. 抗肿瘤作用 107

3. 改善肾功能作用 108

4. 降血糖和造血作用 109

5. 明目作用 109

6. 镇静催眠作用 110

7. 滋补强壮作用 110

8. 杀虫 110

三 活性成分 111

1. 多糖 111

2. 虫草酸 111

3. 核苷类 112

4. 麦角固醇 112

5. 多球壳菌素 112

四 主要产品 113

第八部分 其他药用真菌（一）

一 抗癌抗病毒的香菇 116

1. 活性成分和特殊营养成分 116

2. 药理作用 ·· 117

二 养胃山珍猴头菇 ·································· 120

　　1. 活性成分 ······································ 120

　　2. 药理作用 ······································ 121

三 健脑益智金针菇 ·································· 123

　　1. 活性成分和营养成分 ···················· 123

　　2. 药理作用 ······································ 124

四 疏通血管黑木耳 ·································· 126

　　1. 活性成分 ······································ 126

　　2. 药理作用 ······································ 126

五 润肺补气毛木耳 ·································· 128

　　1. 简介 ·· 128

　　2. 药理作用 ······································ 128

六 滋养珍品银耳 ···································· 131

　　1. 简介 ·· 131

　　2. 药理作用 ······································ 131

七 菌中皇后竹荪 ···································· 133

　　1. 简介 ·· 133

　　2. 药理作用 ······································ 133

八 健脾安神茯苓 ···································· 135

　　1. 简介 ·· 135

　　2. 药理作用 ······································ 135

第九部分　其他药用真菌（二）

一 桑黄 ·· 139

二 云芝 ·· 139

三　树舌 140

四　假芝 141

五　松杉灵芝 141

六　槐耳 142

七　猪苓 142

八　块菌 143

九　牛肝菌 143

十　羊肚菌 144

十一　茶薪菇 145

十二　灰树花 145

十三　蜜环菌 146

十四　亮菌 146

十五　安络小皮伞 147

十六　雷丸 148

十七　马勃 148

十八　竹黄 149

第十部分　中国药用真菌名录 150

参考文献 179

常见药用真菌图鉴 181

第一部分

药用真菌的
古往今来

1

提要

1. 本书所说药用真菌是指具有医疗保健作用的大型真菌。

2. 古人彭祖善养生，"茹芝饮瀑"，寿130余岁；尧帝遵其嘱食野味汤和芝类，寿150岁；春秋思想家老子服食诸芝，活到160岁。

3. 现代研究证明，药用真菌能调节人体免疫功能，并具有抗衰老、抗肿瘤、抗病毒等多种功效。

4. 药用真菌主要功效成分为真菌多糖和三萜类化合物，部分药用真菌还含有独特的活性成分。

一　什么是药用真菌

　　自然界的生物五花八门，种类繁多。人用肉眼能看见的生物主要是动物和植物，对于大量看不见或看不清的微小生物，我们笼统地把它们称作微生物。微生物包括病毒、细菌、放线菌、酵母菌和霉菌等。

　　说起微生物，很多人首先想到的就是病菌，觉得它们都是损害人类健康的坏东西。确实，人类许多疾病都是由病菌或病毒引起的。但也有很多微生物是我们人类的朋友，可以利用它们的特性来酿酒、酿醋，制作酱油、豆豉、泡菜、酸乳，蒸馒头、烤面包等，这些生产和生活过程都离不开有益微生物。

　　大家都知道的青霉素，是从青霉菌中分离出来的抗生素，后来又从其他微生物中分离出许多抗生素。人们从幼年开始接种的各种疫苗，也是用相应微生物生产出来的。这些抗生素和疫苗，挽救了世界上无数人的生命。

　　微生物中还有一大类是人眼可见的，如香菇、蘑菇等各种菇类，有的地方称为莪子或蕈菌，学术上将其通称为大型真菌。它们在孢子阶段和菌丝阶段的个体，也是肉眼看不见或看不清的，我们看到的是它们在生长后期由大量菌丝聚集而成的子实体或菌核。前面提到的酵母菌和霉菌都属于真菌，真菌是具有真核细胞的菌类。既然酵母菌和霉菌是微生物，同属真菌的菇类自然也归入微生物中。

　　大型真菌多数可以食用，而且味美可口，称为食用菌。很多大型真菌能治疗疾病或具有保健功效，称为药用菌或药用真菌。许多食用菌同时具有药用价值，而药用菌也多是美味食品，所以食用菌和药用菌合称食药用菌，广义的食用菌则将药用菌包括在内。除此以外，还有一类有毒的大型真菌，有的甚至有剧毒，称之为毒菌，如进行深入的研究开发，毒菌也有可能成为特殊的药用真菌。

二　古代的药用真菌

　　我们祖先很早就认识到药用真菌的医疗保健作用。早在东汉《神农本草经》中，就记述了灵芝、茯苓、雷丸等药用真菌；南北朝《本草经集注》和《名医别录》增添了马勃、蝉花和银耳；明代《本草纲目》记载的药用真菌有六芝、木耳、香菇、竹苏等四十余种；清代《本草纲目拾遗》又增加了冬虫夏草等。

　　药用真菌的功效故事，自古便有流传。上古有一人名彭祖，善养生，"茹芝饮瀑""常食桂芝""号七百岁"（按现在历法计算为130多岁）。他曾依据养生之道，为积劳成疾的尧帝做野味汤，使尧帝很快康复，后尧帝按其嘱常食此汤和芝类，自此百病不生，寿150岁。司马迁、庄子、王逸、郦道元等古代名人都很推崇彭祖，均在著作中予以记述。如今江苏徐州境内仍保存有彭祖庙、彭祖祠、彭祖楼、彭祖井、彭祖墓等历史遗迹。

　　李时珍在《本草纲目》中写道，"生于刚处曰菌，生于柔处曰芝……芝亦菌属可食者。"三国时期的著名经学家王肃云称："无华而实者……皆芝属也。"故彭祖所食之"芝"，并非仅指灵芝，应为山林野外各种蕈菌，即现在所说的药用真菌。

古代服食药用真菌而健康长寿者很多。春秋时伟大思想家老子，服食诸芝活到160岁。药王孙思邈从35岁起服食药用真菌，到141岁无疾而终。服食药用真菌长寿并有史可查的还有：葛洪（283—363），80岁；冠谦之（365—448），83岁；陶弘景（456—536），80岁；潘师正（586—684），98岁；司马承祯（647—735），88岁；陈抟（871—989），118岁；张伯端（987—1086），99岁；石泰（1022—1158），136岁。古人寿命普遍较今人短，杜甫《曲江二首》曰"人生七十古来稀"，八十更少见，更遑论百岁以上的人瑞了，可见服食药用真菌确有祛病延年的功效。

三　现代药用真菌的药效研究

中华人民共和国成立之后，中医药得到政府重视，科技人员开始对药用真菌进行系统研究，包括本草考证、资源普查、引种驯化等。在此基础上，运用现代科技手段开展药理药效研究，特别是在药用真菌的抗衰老机理、抗肿瘤机理等方面取得了重要进展。

1. 抗衰老作用

药用真菌对人体免疫功能具有调节作用，并能增强单核巨噬细胞系统功能、增强细胞免疫功能和增强体液免疫反应。药用真菌多糖可通过对淋巴细胞、巨噬细胞、网状内皮系统的作用来调节机体的免疫功能。灵芝、银耳、黑木耳等能明显增强中老年人免疫调节能力，其多糖还可促使血清、肝脏及骨髓的蛋白质和核酸合成，使机体抗病能力增强，促进病体康复。自由基学说认为，机体中自由基增多是衰老的一个重要因素。某些药用真菌种类能清除这些自由基而发挥抗衰老作用。以上结论均被多项试验所证实。

2. 抗肿瘤作用

药用真菌的抗肿瘤活性主要表现在对肿瘤细胞的抑制以及恢复和提高患者的免疫功能上，它与化学疗法相结合可减轻化学药物的毒副作用。真菌多糖抗肿瘤机制主要是激活机体内免疫细胞并促进其增殖和分化，从而激活T细胞产生抗癌作用。灵芝多糖通过对机体免疫系统的介导作用，能明显延长荷瘤小鼠生存期。姬松茸多糖可以抑制肝癌细胞，其机制不是通过直接的细胞毒性作用，而是通过增强小鼠的免疫功能诱导肿瘤细胞凋亡。灵芝三萜和茯苓三萜对多种肿瘤均有很强的抑制活性，如肺癌、卵巢癌、皮肤癌、中枢神经癌和直肠癌等。灵芝三萜可抑制脾脏原生肿瘤和肝脏转移瘤，其抑制转移瘤的机制可能是抑制了由肿瘤引起的血管增生。灵芝、松杉灵芝、猴头、桑黄等已用于治疗肿瘤的临床试验。

3. 对心血管系统作用

多种药用真菌对心血管疾病有治疗作用，并已有临床应用。灵芝对血液循环系统有综合性疗效，其抗动脉粥样硬化的机制可能与对抗活性氧引发的脂质过氧化反应、增强体内抗氧化酶的活力有关。灵芝多糖对大鼠有降低血糖、血脂和升高胰岛素水平的作用。茯苓提取物能使鼠和蟾蜍的心肌收缩力增强、心率加快。银耳多糖可明显推迟特异性血栓和纤维蛋白血栓的产生时间，缩短血栓长度，降低血小板数目、血小板黏附率和血液黏度。冬虫夏草中蛋白質大分子对降血压和抗血栓有良好效果。

4. 降血脂作用

药用真菌的降血脂作用近年研究较多。临床上灵芝菌液对高血脂人群的血脂降低和症状减缓均有显著改善作用。灵芝多糖和三萜类化合物有降血脂功效，其中灵芝多糖能增强脂蛋白脂肪酶的活力，使血中乳糜微粒减少而澄清，从而降低大鼠血浆比黏度。云芝多糖可通过刺激清道夫受体途径，整体发挥降脂作用。给高脂血症小鼠连续饲喂虫草或虫草菌粉，可明显降低总胆固醇含量；皮下注射虫草醇提物或虫草发酵菌丝醇提物，能显著降低正常小白鼠的总胆固醇和甘油三酯含量。

用香菇有效成分治疗高脂血症病人（包括动脉粥样硬化、糖尿病及高血压患者），发现病人血液中的甘油三酯、磷脂、总脂及非酯化脂肪酸均有所下降。香菇中的香菇嘌呤能降低血清中各种脂类包括胆固醇含量，其降血脂作用比常用降血脂药物安妥明要强十倍，且口服比注射有效。此外，灰树花、银耳、木耳、金针菇等也具有降血脂作用。

5. 保肝作用

真菌多糖可促进肝细胞内核糖核酸（RNA）和蛋白质的合成，增加肝细胞内糖原含量和能量贮存，提高肝细胞的再生能力，减轻各种化学物质对肝脏的损伤，从而起到解毒保肝作用。灵芝乙醚溶解部分可修复四氯化碳引起的肝损伤。从薄盖灵芝中提取的薄醇醚可使部分切除肝脏小鼠的肝脏再生能力增强。临床发现香菇多糖对慢性病毒性肝炎有一定治疗效果。云芝、假蜜环菌、树舌等在治疗肝炎方面也都有一定作用。

6. 抗病毒作用

药用真菌粗提物对人体病原病毒和植物病毒具有抑制作用。灵芝三萜有抑制人类免疫缺陷病毒（即艾滋病病毒）的活性，从金针菇子实体中分离出的一种小分子蛋白质，能抑制艾滋病病毒转录酶。蘑菇、蜜环菌子实体水提液对烟草花叶病毒和黄瓜花叶病毒的感染抑制率在80%以上。香菇、金针菇、银耳和木耳固体培养物的热水浸出液，都能抑制烟草花叶病毒的侵染。蛋白类是药用真菌中具有显著抗病毒活性的成分，香菇还含有丰富的非蛋白抗病毒物质，其对人流感病毒的抑制能力较强，其作用分为增强细胞免疫力和直接抑制病毒两部分，增强细胞免疫力对病毒的抑制作用高于直接抑制。

四 功效成分

药用真菌化学成分相当复杂，国内学者对其功效成分做了大量研究，近年的研究偏重于真菌多糖和三萜类化合物。

1. 真菌多糖

真菌多糖是药用真菌主要活性成分。不同真菌的多糖，组成单元和分子结构不同，功效也有区别。即使同一真菌的多糖，也会有不同的分子质量。活性多糖的分子质量有一定范围，分子质量过大或过小，药理活性都会降低。有的真菌多糖含有多肽，含多肽的肽多糖（或称多糖肽、糖肽），其药理活性比不含肽的多糖要强。真菌多糖的生物学活性包括免疫调节、抗肿瘤、降血糖、降血脂、降血压、抗氧化、抗衰老、抗病毒、抗菌、防辐射等。

（1）免疫调节　真菌多糖主要从免疫器官、免疫细胞及免疫分子三个水平，促进巨噬细胞、T淋巴细胞、B淋巴细胞、杀伤细胞（K细胞）、自然杀伤细胞（NK细胞）的增殖，使它们活性增强，从而起到增强免疫的作用。

（2）抗肿瘤　真菌多糖的抗肿瘤活性是通过提高宿主免疫调节能力而发挥作用。灵芝多糖在体内既可促进巨噬细胞、T淋巴细胞分泌肿瘤坏死因子、γ-干扰素等细胞因子起抑瘤、杀瘤作用，也可通过激活特异性细胞毒，进一步发挥细胞毒的功效。已报道的抗肿瘤真菌多糖很多，如灵芝多糖、香菇多糖、云芝多糖、灰树花多糖、猴头菌多糖、猪苓多糖和裂褶菌多糖等。

（3）降血糖、血脂　香菇多糖、灵芝多糖、银耳多糖等可促进胆固醇代谢而降低其在血清中的含量。黑木耳多糖、虫草多糖、灵芝多糖等均会使高血糖小鼠的血糖值有所降低。桦褐孔菌多糖的降糖作用甚至可持续2天，作用机制主要有：刺激胰腺分泌胰岛素，改善胰岛素抵抗，加速肝脏代谢葡萄糖，调节小肠对葡萄糖的吸收等。

（4）健胃保肝　猴头菌多糖可保护消化道溃疡面，促进黏膜再生，对消化道炎症、溃疡及肿瘤具有明显疗效。云芝多糖可辅助治疗慢性肝炎、乙型肝炎。香菇多糖具有护肝解毒作用，茯苓多糖也具有保肝、护肝作用，牛樟芝多糖的保肝、护肝功效更为显著。

（5）抗氧化、防衰老　真菌多糖具有清除氧自由基、增强抗氧化酶活力及抑制脂质过氧化等作用，因而能够抗氧化、防衰老。灵芝多糖肽体外给药瞬间即可清除腹腔巨噬细胞已经存在的氧自由基，云芝多糖可提高红细胞中超氧化物歧化酶的活力，从而直接清除超氧阴离子自由基，起到保护红细胞的作用。

（6）抗病毒　真菌多糖对多种病毒具有良好的抑制作用，其抗病毒功能已在医药界受到普遍关注。研究证实真菌多糖抗病毒的机制是：作为一种干扰素诱导剂，干扰病毒蛋白质的合成，从而起到抗病毒作用。如云芝多糖能显著提高肝脏巨噬细胞的吞噬能力并诱导干扰素的分泌，从而避免病毒性肝损伤的发生。

2. 三萜类化合物

萜是由两个或多个异戊二烯单位连接而成的萜烯及其衍生物。根据所含异戊二烯的数目，分为单萜、倍半萜、双萜、三萜、四萜和多萜。从真菌中分离得到的萜类化合物多属倍半萜、二萜和三萜，以三萜为主。药用真菌的三萜类化合物具有广泛而重要的生理活性，如抗肿瘤、抗病毒、抗菌、降血脂、解毒、保肝等。

（1）抗肿瘤　三萜类化合物对肿瘤细胞有间接抑制作用和直接毒杀作用。它不但具有较强的抗肿瘤活性，而且具有高度选择性。桦褐孔菌的三萜类化合物，能协同抗肿瘤药物诱导肿瘤细胞凋亡并抑制残留肿瘤细胞的活动。灵芝孢子的醇提物（以灵芝三萜为主）对人肝癌细胞、宫颈癌细胞等肿瘤细胞杀伤力很强。研究人员曾用灵芝制剂对89位癌症病人进行治疗，用药后病人的免疫能力得到显著增强。有五家医院曾用灵芝制剂治疗116位癌症患者，病人症状明显改善，生存质量大大提高。

（2）降血压　有研究证实，灵芝用70%乙醇提取，提取物对猪肾血管紧张素转化酶的活力有强烈抑制。研究者从该提取物中纯化出10种三萜类化合物，其中8种能对血管紧张素转化酶产生抑制，以灵芝酸（即灵芝三萜）F的效果最明显。研究人员用赤芝粉喂养高血压小鼠，试验组小鼠的血压明显低于对照组。

（3）降血脂和胆固醇　高胆固醇病人服用三萜类化合物，能使血液中胆固醇含量降低10%，它主要降低低密度脂蛋白胆固醇，而对高密度脂蛋白胆固醇和中性脂肪没有影响，可用于高甘油三酯血症、高胆固醇血症的治疗，还有预防动脉粥样硬化的功效。

（4）保肝　赤芝的乙醇粗提物（以萜类化合物为主）对三种肝损伤模型小鼠的保肝、护肝作用明显，使动物肝损伤的症状显著减轻。灵芝粉具有较强的保肝护肝功能，可应用于临床对慢性肝炎及肝硬化等肝脏疾病的治疗。

（5）消肿利尿　用茯苓素（从茯苓中提取的三萜类化合物）对患有水肿的病人进行治疗，患者尿液容易排出，从而有助于水肿和蛋白尿的消除以及肾功能的恢复。心源性水肿患者每天服用茯苓100克，利尿效果明显。

3. 其他活性物质

除了多糖和三萜类化合物，药用真菌还含有许多其他活性成分，如超氧化物歧化酶、菌类脂质、蛋白质及肽、有益矿物质元素、维生素、核苷、膳食纤维等特殊营养物质，这些成分在叙述具体药用真菌时再酌情介绍。

第二部分

"仙草" 灵芝

2

提要

1. 白娘子盗"仙草"救活夫君许仙；麻姑采灵芝酿美酒向王母献寿；巫山女神相思泪化作满山灵芝；东海方丈洲众仙种芝犹如种稻。

2. 古代诸多医药典籍都记述了灵芝。现代研究证明灵芝对免疫调节、抗衰老、抗肿瘤、防治心血管系统疾病等都有良好功效。

3. 灵芝功效成分主要是灵芝多糖和灵芝酸，这两者含量越多，功效越好。

4. 灵芝产品良莠不齐，正规产品应标注灵芝多糖和灵芝酸含量，消费者要优先选择同时标注这两种成分且含量都较高的产品。

无论在古代还是现代，"灵芝"都是一个广义的概念。古代灵芝包含多种药用真菌，泛指非肉质的蕈菌类；现代灵芝按照科学分类，包括了真菌界担子菌门层菌纲非褶菌目（或多孔菌目）灵芝科灵芝属中三个亚属的76个种，以及假芝属的20个种等。狭义的灵芝则指赤芝等少数几个种，我国中东部还有紫芝、假芝、树舌，北方有松杉灵芝、蒙古灵芝，南方有喜热灵芝、海南灵芝、橡胶灵芝、大圆灵芝等，其中以灵芝和树舌分布最广。

灵芝因具有显著的医疗保健功效，在古代被称为神芝、芝草、仙草、瑞草，加上道家文化和儒家思想的推崇以及皇权政治的影响，使其在我国文明史上占有十分重要的地位。

一 神话传说

1. 盗仙草

《白蛇传》是我国家喻户晓的神话故事。白娘子和小青是得道蛇仙，在深山修炼千年，她俩不甘寂寞的修行生活，化身年轻女子，一主一仆，到杭州寻求自由幸福的人间生活。她们在西湖边邂逅药铺伙计许仙，许仙年轻纯朴，白娘子一见倾心，通过唤雨、搭船、借伞、还伞等情节，两情相悦，后喜结连理，一起到镇江开药店，给人治病舍药，生活幸福美满。

金山寺住持法海认定白娘子和小青是蛇妖，竭力破坏白娘子和许仙婚姻。他诱骗许仙在端午节让白娘子喝雄黄酒，使白娘子醉酒现形，将许仙吓死。白娘子为救夫君，不顾身怀六甲，只身前往峨眉山盗取仙草，被仙童追杀。南极仙翁怜其救夫心切，赠予仙草，救活许仙。白娘子所盗仙草，即为灵芝。白娘子最终还是被法海镇压在雷峰塔下。许仙将孩儿养大，孩儿高中皇榜后将母救出。

明代陈六龙以此忠贞爱情为题材作《雷峰记》传奇；清黄图珌、方成培作有《雷峰塔》传奇；另《警世通言》有《白娘子永镇雷峰塔》；弹词有《义妖传》（亦名《白蛇传》）等。现代有多个版本《白蛇传》或《白蛇传说》等影视作品，"盗仙草"即为上述故事中脍炙人口的片段，并有以"盗仙草"为名的整部电影、京剧和地方戏。

2. 麻姑献寿

南北朝时有一女子，姓麻名姑，美丽善良。其父麻秋凶悍暴虐，奉命修筑城池，强迫民夫夜以继日，每天须劳作到鸡叫才能短暂休息。麻姑不忍民夫如此辛苦，遂提前到鸡窝边学雄鸡鸣叫，附近雄鸡一鸣百应，民夫得以提前休息。麻秋查明此事系麻姑所为，十分恼怒，欲痛打女儿。麻姑闻讯逃到山上，麻秋怒不可遏，命人放火烧山，要把麻姑烧死。

西王母知道麻姑心地善良、关爱百姓，便降下大雨，浇灭山火，将麻姑救至江西丹霞山，让她修炼成仙，后此山改名麻姑山。麻姑感激王母恩典，采绛珠河畔灵芝，用十三泓清泉酿成美酒，于三月三日王母寿辰之时，送去向王母贺寿。此酒醇香浓厚，众仙赞不绝口。王母大喜，封她为"虚寂冲应真人"。此即"麻姑献寿"故事。

麻姑被民间奉为女寿仙，尊称寿仙娘娘，给女寿星祝寿多用

"麻姑献寿图"。麻姑山因麻姑而成道教圣地，留下诸多名胜古迹。唐颜真卿用楷书撰写"麻姑山仙坛记"，被誉为"天下第一楷书"。唐刘禹锡也留下名诗《麻姑山》：

曾游仙迹见丰碑，除却麻姑更有谁。云盖青山龙卧处，日临丹洞鹤归时。

霜凝上界花开晚，月冷中天果熟迟。人到便须抛世事，稻田还拟种灵芝。

3. 其他传说

灵芝神话源于《山海经》。在《山海经·中次七经》中，炎帝小女瑶姬，刚到出嫁之年，却"未行而卒"，精魂飘荡到"姑瑶之山""化为瑶草""实为灵芝""其叶胥茂，其华黄"。炎帝哀怜瑶姬早逝，封她做巫山云雨之神。后楚怀王来到云梦，住进高唐台馆。瑶姬渴慕爱情，悄然走进寝宫，向楚怀王倾诉情爱。楚怀王从梦中醒来，给瑶姬立一庙，称作"朝云"。楚怀王之子楚襄王来此游玩，也做同梦。楚国诗人宋玉据此传说写成《高唐赋》和《神女赋》，传颂千古。巫山灵芝特别多，相传都是女神撒下的相思子。

三国诗人曹植代表作《洛神赋》，描写人神恋爱故事，其中有"尔乃税驾乎蘅皋，秣驷乎芝田"，意思是你驾着马车到蘅皋出游，解开驾车的马在灵芝田里放牧；又有"攘皓腕于神浒兮，采湍濑之玄芝。余情悦其淑美兮，心振荡而不怡。"描写神女采撷灵芝时安详而闲适的神态，及诗人钟情于神女而激动不安的心情。

我国古代神话中有三座神山，分别为蓬莱、瀛洲、方丈，山上住着长生不老的神仙。神仙之所以长生不老，是因为神山上遍地都是灵芝，他们以灵芝为食，故而长生不老。西汉东方朔在《海内十洲记》中描述："方丈洲在东海中心""仙家数十万，耕田种芝草，课计顷亩，如种稻状"，描写十分形象。

以上传说将灵芝神化为起死回生、长生不老的"仙草"，寄托了古人对健康和长寿的期盼。尽管灵芝并不是所谓的"仙草"，但它确实具有祛病延年的卓越功效，是药用真菌中的佼佼者。

二　祛病延年

1. 典籍记述

《神农本草经》成书于东汉末年，是我国医药史上最早的药学专著，托名"神农"所撰，被尊为中医药古籍四大经典之一。书中所载药物365种，分为上、中、下三品，灵芝被列为上品。如"赤芝，味苦平，主胸中结，益心气，补中，增智慧，不忘，久食轻身不老，延年神仙，一名丹芝。"其余黑芝（玄芝）、青芝（龙芝）、白芝（玉芝）、黄芝（金芝）、紫芝（木芝）均有叙述。

《太上灵宝芝草品》成书于南北朝或隋唐，作者不详，是迄今已知世界上最早的菌类图鉴。此书是一部讲求服食、指导采集灵芝的图谱，书中记述灵芝103种，皆略述产地、性味、形态和服饵价值，如"木菌芝，生于名山之阴谷中，树木上生，本三节，色青，味甘辛，食之万年仙矣"，是研究古代灵芝文化的重要文献。

《本草纲目》成书于明万历六年，李时珍撰。作者承其家学，遍历名山大川，搜罗幽微，博采群书，考辨异同，集明以前本草学之大成，所收芝类有青芝、赤芝、黄芝、白芝、黑芝、紫芝六种，每种均按释名、集解、正误、修治、气味、主治、附方等项，详加注解。作者还在书中批判了古代对灵芝的迷信观点，难能可贵。

有关典籍甚多，限于篇幅，本书不一一介绍。

2. 药用功效

根据李时珍在《本草纲目》中的记载，将灵芝的药用功效分述如下。

（1）对消化系统（脾、胃、肠）　可益脾气、驱五邪：主要用于黄疸、胃炎、肠炎、肝炎、肾炎，及食欲不振、消化不良、胃酸过多、胃肠虚弱、消化道溃疡的治疗。

（2）对中枢神经系统　可安神、增强记忆：用来治疗失眠症、健忘症、神经衰弱、脑出血、脑震荡及脑震荡后遗症。

（3）对呼吸系统（咽喉、肺）　可益肺气、通利口鼻：治疗气喘、头疼、支气管炎、肺结核和过敏性疾病。

（4）对感觉系统（眼耳鼻口）　可明目、通利鼻口：可治疗老花眼、白内障、眼底出血、中耳炎、重听、牙痛、齿槽脓肿、皮肤干燥等。

（5）对循环系统（心、血）　可安神、驱五邪：用来治疗头痛、寒冷症、头晕、耳鸣、肩膀酸痛，心悸、贫血、高血压、低血压、动脉硬化、心肌梗死，以及肿痛、神经痛、脱疽等。

（6）对消化和代谢系统（肝胆胰胃等）　能补肝气、安定精神、健筋骨：可治疗盗汗、恶心、癔症、疲劳感、妇女病、习惯性流产、急慢性肝炎、肝硬化、异常肥胖、异常消瘦、骨髓炎、胆囊炎、胆结石、风湿、肋膜炎、胰脏炎、糖尿病、癫痫、更年期障碍等。

（7）对泌尿系统（肾脏、膀胱）　能利肾气、利尿道：对浮肿、尿频、腹水、前列腺肥大，以及尿路结石、膀胱炎、膀胱黏膜炎、夜尿症、肾变病、少尿、精力减退有效。

（8）对生殖系统　可治疗痛经、月经异常、性欲减退、阳痿、脱毛等。

3. 药理作用

根据现代医药学的深入研究，灵芝具有以下多方面的药理作用。

（1）免疫调节作用　灵芝能提高机体的非特异性免疫功能，增强机体体液和机体细胞免疫能力，促进免疫细胞因子的产生，其促进单核巨噬细胞吞噬能力的作用，超过补气药党参和黄芪。多项指标综合实验结果表明，灵芝多糖对正常小鼠有明显的免疫增强作用；能使小鼠因免疫抑制剂、抗肿瘤药、应激和衰老等降低的脱氧核糖核酸多聚酶活性，恢复到年轻小鼠水平。

我国和日本学者通过长期联合研究，证明灵芝不仅能刺激造血系统，保护肝细胞不受中毒损伤，具有明显的抗衰老作用，而且是一种免疫调节剂。他们还证明，灵芝能降低病人的血液黏稠度，有预防血栓形成的作用。

有学者进行灵芝多糖对小鼠免疫功能影响的研究，每天灌喂灵芝多糖，连续25天，可明显促进小鼠特异性抗体的形成，促进小鼠巨噬细胞的吞噬功能，增加外周血T淋巴细胞数量，延缓胸腺萎缩，并可对抗由环磷酰胺所致的细胞免疫和体液免疫低下的作用。

试验证明，灵芝可使受吗啡抑制的免疫细胞功能恢复，具有功能性拮抗作用。吗啡、海洛因成瘾的患者常合并免疫功能障碍，所以改善患者的免疫功能，增加患者的抵抗力，是戒毒治疗成功的一部分。

（2）抗衰老作用　　灵芝是研究最多的一种抗衰老中药材。灵芝可改善冠脉循环和心肌供血，降低心肌耗氧量，提高机体对缺氧的耐受能力；抵制血小板聚集，降低血脂，减轻动脉粥样硬化的程度；促进正常组织、损伤组织的蛋白质和核酸合成；增强肝脏解毒功能，抗击肿瘤侵袭；提高骨髓抗化学损伤和辐射损伤的能力等。这些功能对改善老年人的免疫功能低下，预防心脑血管疾病和肿瘤等有良好作用，是抗衰老的重要药物。

自由基是细胞代谢过程中产生的活性物质，会引起细胞结构和功能改变，导致器官组织损伤。衰老、肿瘤、心血管疾病、炎症、自身免疫性疾病都与脂质过氧化反应和自由基增多有关，灵芝热水提取物和灵芝多糖均具有清除自由基的作用。灵芝多糖可减少小鼠腹腔巨噬细胞内自由基的生成，清除活性氧自由基，抑制脂质过氧化反应，提高细胞成活率。自由基增多是衰老的重要原因之一，故灵芝清除自由基起到了抗衰老作用。

科学家还从免疫力、生殖能力和寿命长短，来评估灵芝对人体老化功能所起的作用。动物实验证实，24个月的衰老小鼠，在灵芝多糖的帮助下，其整体免疫功能可恢复到3个月年轻小鼠的水平。另一项以果蝇为对象的实验指出，被喂以灵芝提取物的果蝇，不论雌雄性别，交配次数明显增加，显示生殖能力增强，寿命也获得延长。

（3）抗肿瘤作用　　林志彬等研究证实，灵芝水提取物或灵芝多糖体内给药，可抑制动物移植性肿瘤生长，但对体外培养的肿瘤细胞多无直接细胞毒作用；而灵芝乙醇提取物或灵芝三萜类化合物，则对体外培养的肿瘤细胞有直接细胞毒作用。

我国台湾学者证明，灵芝菌丝体提取物对小鼠的肌纤维恶性肿瘤有明显的抑制作用，而且对肺部转移病灶也有抑制。朝鲜学者报道，灵芝子实体碱液提取物对肉瘤细胞株S-180小鼠的抑瘤率达87.6%，其中1/3小鼠的肿瘤完全消退。另有报道称腹腔注射灵芝多糖对小鼠S-180的抑制率达83.9%，1/2小鼠的肿瘤完全消退。

有学者比较研究三种灵芝（赤芝、紫芝和松杉灵芝）野生和人工栽培子实体及子实体不同部位（菌盖、菌柄、整个子实体）的水提取物，对体外培养的人乳腺癌细胞和正常人乳腺上皮细胞增殖活性的影响。结果证明，所有试验的灵芝样品均抑制人乳腺癌细胞的增殖，其中以松杉灵芝抑制作用最强。且这些提取物对正常人乳腺上皮细胞均无明显细胞毒作用。野生和人工培养的灵芝对肿瘤细胞的抑制无明显差异。

有学者认为，灵芝的抑瘤作用可能与增强体内杀伤细胞活性、促进T辅助细胞产生T细胞生长因子和γ-干扰素有关。近年有报道称，灵芝多糖脂质体可激活肝癌患者腹水中的巨噬细胞。抗癌药环磷酰胺会引起白细胞减少，配合使用灵芝制剂，能使减少的白细胞显著增加。

端粒酶是核糖核酸和蛋白质的复合物，是一种特殊的脱氧核糖核酸聚合酶，抑制端粒酶活性可有效抑制细胞生长。使用灵芝孢子作用于人肝癌细胞、人肺癌细胞、人白血病细胞和肺癌细胞株，发现这些肿瘤细胞端粒酶活性均降低，证明灵芝孢子可明显抑制肿瘤细胞端粒酶活性，从而抑制肿瘤细胞生长。

（4）对心血管系统的作用

强心作用：灵芝在一定剂量范围内，强心作用随剂量增加而增强，表现为心脏收缩力增强，输出量增加，对中毒衰弱心脏的作用尤为明显。对于在活体内的健康家兔心脏也有加强收缩作用。用同位素[86]铷测定小白鼠心肌营养性血流量，证明灵芝能增加心肌营养性血流量和心肌氧的供给，这可能是灵芝对心肌缺血有保护作用的重要原因。

降血压作用：灵芝菌丝水提取物静脉注射给药，可使家兔和大鼠的收缩压、舒张压均降低，但对心率无影响，并证明这种降压作用是通过抑制中枢交感神经实现的。灵芝甲醇提取物对血管紧张素转换酶有抑制作用，该酶活性增高，可致血压升高。

降血脂作用：给家兔饲以高胆固醇和高脂肪饮食，其主动脉壁可形成实验性粥样硬化斑块，并出现血清胆固醇、甘油三酯和$\beta-$脂蛋白明显升高的现象。如长期给家兔口服灵芝口服液或糖浆，可减缓动脉粥样硬化斑块的形成并使程度减轻，但对血清脂质变化无影响。在大鼠饲料中加入灵芝菌丝体，可显著降低血清和肝脏中胆固醇和甘油三酯的含量。

高脂血症患者除血液中血脂含量偏高外，还伴有疲惫乏力、头晕目眩、气短、胸闷气憋、食欲不良、腰酸腿软等症状。中日友好医院用灵芝破壁孢子粉治疗高脂血症病人30例，结果胸闷气憋、腰酸腿软等症状改善的显效率为43.4%，总有效率为93.3%；降低血脂的显效率为53.3%，总有效率为80%。

（5）对神经系统作用

镇静催眠：实验证明，灵芝浓缩液可使小鼠肌肉轻度松弛，抑制自发活动3~6小时，镇静作用随剂量增大而加强。灵芝提取物能够明显缩短戊巴比妥钠诱导的小鼠睡眠潜伏期，并延长睡眠时间，还可增加睡眠深度，改善睡眠质量。

增强记忆：灵芝多糖能改善阿尔茨海默病大鼠学习记忆障碍，提高其学习记忆能力。灵芝可能是通过影响大脑中神经递质水平而促进小鼠学习记忆能力的。

保护大脑：大量研究表明，灵芝对缺血性脑损伤、老年性痴呆和帕金森病神经元变性、糖尿病的脑病变等都有一定的保护作用。

（6）对消化系统的作用　灵芝对消化性溃疡有保护作用。当胃肠道的侵蚀性因素超过黏膜的保护性因素时就会形成溃疡。侵蚀性因素包括胃酸、胃蛋白酶、某些药物、乙醇、幽门螺旋杆菌感染或应激刺激等，保护性因素包括黏液分泌、黏膜血流量及损伤后黏膜的修复和再生。实验证明，灵芝能抑制胃酸分泌、促进胃黏液分泌、增加胃黏膜血流量，从而保护胃黏膜。

灵芝对化学及病毒引起的肝损害有保护作用。灵芝能减轻对肝脏解毒功能的损害和病理组织改变，有统计用灵芝多糖综合疗法治疗慢性乙型肝炎，达到慢性迁延性肝炎治愈率71.43%、慢性活动性肝炎治愈率53.33%的良好效果。四氯化碳是一种肝脏毒物，进入体内可使实验动物迅速发生中毒性肝炎，除有明显的肝功能障碍外，还会出现典型的病理组织学病变。连续给小鼠口服灵芝酊（10克/千克）8天，能减轻四氯化碳引起的病理学病变，并减轻对肝脏解毒功能的损害。灵芝子实体液、菌丝体液和二者合并的灵芝全草汤，都有一定的防治作用。

灵芝制剂用于治疗病毒性肝炎，总有效率为73.1%~97.0%，显效率（包括临床治愈）为44.0%~76.5%。其疗效主要表现为：乏力、食欲不振、腹胀和肝区疼痛减轻或消失，肿大的肝、脾不同程度缩小或恢复正常。一般说来，对急性肝炎的效果比对慢性或迁延性肝炎要好。

（7）对呼吸系统的作用　灵芝能镇咳、祛痰、平喘，对慢性气管炎有治疗作用。

镇咳：用小鼠氨水引咳法，对小鼠腹腔注射灵芝水提液，再用氨水使其咳嗽，较未注射灵芝水提液的对照组，前者有明显镇咳作用，咳嗽次数减少，引咳潜伏期延长。灵芝醇提液、菌丝体醇提液和灵芝发酵浓缩液等灵芝制剂，均有明显镇咳作用。

祛痰：用小鼠酚红法进行祛痰试验，腹腔注射上述灵芝制剂，可使小鼠气管冲洗液中酚红含量增加，即有祛痰作用，仅灵芝发酵浓缩液无效。

平喘：灵芝酊、灵芝水提液、灵芝菌丝体醇提液和灵芝发酵浓缩液，均对组胺引起的豚鼠离体气管平滑肌收缩有解痉作用，使喘息发作潜伏期显著延长，此作用与所用药物浓度成正比。

治疗慢性气管炎：用复方灵芝（灵芝菌丝体和银耳孢子）治疗慢性气管炎大鼠4周，可见气管纤毛柱状上皮的再生修复快而完全，气管软骨变性恢复也较快，多在给药后1~2周恢复正常。

灵芝制剂对慢性支气管炎的咳、痰、喘均有一定疗效，对喘的疗效尤为显著，对哮喘也有较好疗效。

（8）降血糖作用　有报道指出给葡萄糖负荷大鼠灌胃灵芝水提液，可降低大鼠血糖。灵芝可能提高了胰岛血液循环，提高胰岛细胞生理功能和分泌胰岛素能力，加快了葡萄糖代谢，并促进了外周组织和肝脏对葡萄糖的利用。

另一报道用灵芝提取物治疗71例2型糖尿病患者，灵芝组口服灵芝提取物1800毫克，每日三次，共服12周，对照组按同法服安慰剂。结果灵芝组糖化血红蛋白显著降低，从8.4%降至7.6%，空腹血糖和餐后血糖的降低与糖化血红蛋白的降低相平行。

（9）抗疲劳作用　通过对动物基础实验研究和对运动员训练的应用研究，证实灵芝能明显提高机体血红蛋白含量及耐疲劳能力，能加速血乳酸的清除，加强血液中过氧化物歧化酶和过氧化氢酶的活力，抑制血中过氧化脂质升高，具有抗疲劳作用。

灵芝能增强运动员耐力和克服疲劳能力，也能协助人体应对突然的缺氧状态，可作为运动补品服用。

（10）抗辐射和化疗作用　用^{60}钴γ-射线照射小鼠，照射前20天给小鼠每天灌胃灵芝液，照射后继续给药2周，能显著降低小鼠死亡率。手机和电脑辐射问题常困扰使用者，适量服用灵芝或灵芝孢子粉，可提高人体抗辐射能力。

肿瘤患者用放射治疗和化学药物治疗，机体及免疫功能会受到严重损害，抗病能力下降，身体虚弱，出现心悸气短、神疲乏力、失眠等症状。中日友好医院用灵芝孢子粉配合放疗和化疗，患者神疲乏力、食欲不良、腹胀、疼痛、恶心、咳嗽、腹泻、便秘等症状均有明显改善，生存质量有所提高。

（11）抗艾滋病作用　人类免疫缺陷病毒是获得性免疫缺陷综合征（艾滋病）的元凶。用药物改善艾滋病患者免疫功能只是治标，治本还是要抑制或杀灭免疫缺陷病毒。最近一些体外试验发现灵芝子实体和孢子粉提取物可以抑制免疫缺陷病毒。

多项研究指出，灵芝子实体和孢子所含成分，特别是三萜类化合物，在体外可抑制免疫缺陷病毒增殖，灵芝的抗免疫缺陷病毒作用可能与其抑制免疫缺陷病毒逆转录酶和蛋白酶的活性有关。有研究者尝试用灵芝治疗艾滋病，他们将患者分为两组，一组用抗逆转录酶药物治疗，一组在用抗逆转录酶药物基础上加灵芝提取物治疗。初步结果显示，加用灵芝可改善患者健康状态，使体重增加，CD4细胞（人体一种重要的免疫细胞，免疫缺陷病毒侵袭对象）和血红蛋白增加，提示灵芝和抗逆转录酶药物联用可能有协同作用。

（12）美容作用　灵芝所含的一些小分子寡糖，能改善皮肤微循环，清除自由基，消除皮肤表面褐色素沉积，从而起到润肤美容的作用。灵芝多糖和多肽有延缓衰老、养颜护肤的功效，可增强皮肤弹性，使皮肤湿润细腻，并可抑制皮肤中黑色素的形成和沉淀，用灵芝制成的各种美容产品成为护肤化妆品中的新贵。

（13）对亚健康人群的保健作用　步入中年以后，人体的神经系统、心血管系统、内分泌系统、免疫系统等，会随着年龄增加而发生退行性变化，并使各系统内和系统间的稳态调节发生障碍，对内外环境的适应能力降低，因而易患心脑血管疾病、糖尿病、病毒感染和肿瘤等。如能在这些疾病产生前服用灵芝，通过灵芝的稳态调节作用，使人体内环境稳定，并增强人体对内外环境变化的适应能力，让血压、血脂、血糖、血黏度等稳定在正常水平，并使因年龄增长而降低的免疫功能恢复正常，可预防中老年常见病和多发病，延缓衰老进程。

灵芝用于中老年保健时，一般用量较小，要坚持长期服用，才能收到防病健身的理想效果。

三　功效成分

灵芝的功效成分十分丰富，已确定的功效成分主要有灵芝多糖和三萜类化合物，以及核苷类、固醇类、生物碱类、氨基多肽类、呋喃衍生物、脂类、无机元素等。

1. 灵芝多糖

多糖是指10个以上单糖分子缩合而成的化合物。多糖类包括多糖和多糖肽。灵芝多糖类化合物是灵芝重要的活性成分，其相对分子质量在2000~600000，组成的糖单元除葡萄糖外，还有阿拉伯糖、木糖、半乳糖、岩藻糖、甘露糖、鼠李糖等。多糖的糖链是一种螺旋状立体结构，螺旋层之间主要通过氢键保持稳定。

多糖不溶于高浓度乙醇和醚、酮等有机溶剂，微溶于低浓度乙醇和冷水，能溶于热水。利用这一溶解特性，先用热水提取灵芝中的多糖，其他水溶性物质一起溶出；将提取液浓缩，减少液体总量，然后加入浓缩液体积3~4倍的乙醇，使乙醇浓度达70%~75%；这时多糖溶解度降低，从溶液中沉淀析出，其他水溶性杂质留在溶液中，离心、过滤，即得粗多糖。

粗多糖中混杂着具有水溶醇析性的蛋白质等杂质。要得到较为纯净的多糖，须除去这些杂质。可在多糖水溶液中加入氯仿和正丁醇组成的混合溶剂，反复振荡，使蛋白质变性析出而去除。

以上得到的多糖，是分子质量在一定范围、组成和结构有所不同的多糖混合物。这些分子质量、组成和结构不同的多糖，生物活性也有不同。可采取相应的技术手段，将它们精细分离。目前已分离出200余种灵芝多糖。如不是特别需要，则不必精细分离。

灵芝多糖是一种生物免疫调节剂，其免疫调节机制可能直接或间接激活T细胞、B细胞和巨噬细胞、自然杀伤细胞等免疫细胞，增强脱氧核糖核酸多聚酶的活力，以及促进白细胞的分泌，调节机体的细胞免疫和体液免疫功能，并显著提高吞噬细胞的吞噬能力。现已明确，灵芝多糖具有修复损伤细胞膜、丰富细胞膜受体、提高细胞膜封闭度和延展性、提高细胞内超氧化物歧化酶等多种酶的活力，从而提高机体免疫功能、增强机体生命活力、延长机体寿命等功效。

灵芝水提取物以多糖为主，具有体内抗肿瘤作用、保护放化疗损伤作用、镇静和镇痛作用、强心和抗心肌缺血作用、抗脑缺氧再复氧损伤作用、调节血脂作用、降血糖作用、降血压作用、促进核酸和蛋白质合成、提高缺氧耐受力、抗氧化及清除自由基作用、抗衰老作用、抗化学性和免疫性肝损伤作用、抗实验性胃溃疡等功效。

2. 灵芝酸

灵芝三萜类化合物俗称灵芝酸，是灵芝又一重要的活性成分。基本构造是由若干个异戊烯首尾相连而成，大部分为30个碳原子，部分为27个碳原子的萜类，分为四环三萜和五环三萜两种类型。在不同种的灵芝中，灵芝酸的种类有所不同；同一品种不同培养基培养的灵芝，或者灵芝不同生长时期和不同部位，灵芝酸的含量会有不同。多数灵芝酸有苦味，含量越高，苦味越重。目前从各种灵芝中已分离出100多种灵芝酸，如灵芝酸A、灵芝酸B、灵芝酸C、灵芝酸D、灵芝酸E、灵芝酸F、灵芝酸G、灵芝酸I等，以灵芝酸A、灵芝酸B、灵芝酸C、灵芝酸D为主。灵芝酸含量是灵芝品质的重要指标。

灵芝酸除与灵芝多糖有着许多相似功能外，还具有抗肿瘤、抑制免疫缺陷病毒、护肝排毒、抑制组胺释放、抑制胆固醇合成，以及降脂、降压、抑制血小板凝集等作用。如灵芝酸A、灵芝酸B、灵芝酸C、灵芝酸D能够抑制小鼠肌肉组胺的释放；灵芝酸F有很强的抑制血管紧张素酶活力的作用；赤芝孢子酸A具有降胆固醇作用等。

灵芝酸在水中溶解度不高，提取多用乙醇、甲醇或其他有机溶剂，所得提取物含有多种灵芝酸。如需分离出较纯的灵芝酸品种，还要采取一系列技术手段。用于医疗保健时，则不必进行分离。

灵芝酸有很强的药理活性，是灵芝重要的活性成分。但多数场合用水作灵芝的提取剂，如家庭用灵芝子实体加水熬汤喝，灵芝加工企业多用水提取灵芝的水溶性成分，致使灵芝酸难以溶出，发挥不了应有功效。有的家庭用灵芝泡酒，灵芝酸是浸泡出来了，灵芝多糖却进不到酒里；有的工厂用乙醇浸提灵芝活性成分，只能提出醇溶性的灵芝酸，不能提出另一重要成分——灵芝多糖。解决这个问题的办法，家庭可以先熬汤后泡酒，工厂可以先水提再醇提，或先醇提后水提，分别将灵芝酸和多糖都提取出来。

3. 其他活性成分

灵芝生物碱有抗炎、改善冠状动脉血流量、降低心肌耗氧量、增强心肌及机体对缺氧的耐受性及降胆固醇作用；灵芝腺苷衍生物能降低血液黏度，抑制体内血小板聚集，提高血红蛋白2，3-二磷酸甘油的含量，提高血液供氧能力和加速血液循环；固醇类化合物是多种激素的前体，有恢复衰老机体、提高激素分泌能力、调节内分泌作用、恢复机体生命活力、增强心肌收缩能力、提高机体抗病能力、抗缺氧能力和抗缺氧对神经的损伤等作用。

四 灵芝产品

灵芝初级产品包括子实体、孢子粉、菌丝体，深加工产品包括孢子油、多糖、灵芝酸，以及用它们为原料生产的各种制成品。

灵芝子实体分菌盖和菌柄两部分，所含活性物质多在菌盖中，有的种则无柄。国内大量栽培的灵芝是赤芝。市场出售的有整芝、灵芝切片和灵芝粉，虽然价格不高，但品质参差不齐。有人误以为野生灵芝优于栽培灵芝，其实不然。野生灵芝经历风吹日晒雨淋虫蛀，活性成分损失多，不如栽培灵芝品质好。消费者购买时要选优质整芝或切片，整芝上带的褐色粉末是灵芝孢子，为灵芝精华，不要用水洗掉。

灵芝孢子是成熟灵芝弹射出来的深褐色细微颗粒，聚集在一起即为孢子粉，其生物功能类似于花粉或植物种子。孢子粉产量远低于子实体，且要特别收集，故价格比子实体高得多。孢子表面有一层坚实的保护壁，孢内成分难以释放，因此最好进行破壁处理，以利有效成分的释放和吸收利用。破壁孢子粉失去外壳保护，其中孢子油容易氧化变质，保质期低于未破壁孢子粉。

灵芝菌丝体多是液体发酵产品，成分及含量与子实体差不多，优点是可以工厂化生产，生产周期短，但由于设备投资大、技术要求高，生产成本并不低。

从灵芝子实体或菌丝体可提取灵芝多糖和灵芝酸，从灵芝孢子粉可提取灵芝孢子油。目前的灵芝深加工产品，无论是药品、保健品还是食品，大多用灵芝多糖、灵芝酸或孢子油来加工，有的还配以人参、虫草或黄芪等名贵药材，剂型有胶囊、片剂、冲剂、口服液等。这些灵芝产品生产厂家众多，给消费者提供了较大的选择余地。

我国灵芝生产量很大，但深入研究不及日韩，以致深加工产品在国内外市场缺乏竞争力。其中原因之一，是我们对产品活性成分的标注不够重视。许多灵芝产品不标明含有多糖和灵芝酸，或者只标明含有多糖或灵芝酸，但不标出含量。有的虽标含量但含量不高，或者含量有水分，比如多糖含量将填充剂、赋形剂、甜味剂的糖分包含在内，导致产品信誉度和竞争力降低。

灵芝产品还有一个问题，就是很少同时标注多糖和灵芝酸的含量。前已述及，由于提取多糖和灵芝酸的溶剂不同，二者往往难以兼顾，要么多糖含量高而灵芝酸含量低，或者灵芝酸含量高而多糖含量低，不能充分发挥灵芝多糖和灵芝酸在医疗保健上的协同作用。如能采用新技术同时提取多糖和灵芝酸，而且含量均较高，并在产品上将这两种成分和含量同时标注出来，其功效、信誉和竞争力一定会高于普通产品。

第三部分

瑰宝牛樟芝

3

提要

1. 牛樟芝被由福建去台湾行医的吴沙发现，后逐渐为公众所知。

2. 经多年研究，已知牛樟芝具有抗肿瘤、保肝护肝、解酒解毒、降血糖血脂和降血压等显著功效，被誉为"灵芝王"。

3. 牛樟芝主要活性成分包括樟芝多糖、樟菇酸和特有成分安卓奎诺尔等，安卓奎诺尔已进入美国食品药品管理局二期实验。

4. 牛樟芝产品应标明活性成分种类和含量，特别是应将三萜含量标出，以便消费者选购。

一 台湾奇珍

　　牛樟芝，又名樟芝、红樟芝、血灵芝、樟菇、樟内菇、神明菇，是产于我国台湾的一种珍稀药用菌。由于牛樟芝具有卓越的医疗保健功效，现已成为药用真菌的后起之秀，发展前景十分广阔。

1. 开兰始祖吴沙

　　樟芝发现于500多年前我国台湾的"瘴气医学"时代。那时原始森林密布，瘴气毒雾弥漫，山区人民以狩猎和采集为生，山林中瘴气毒雾对他们威胁很大。后来偶然发现生长在牛樟树中的橘红色樟芝，气味芳香，食后可不惧毒瘴，且神清气爽，疲劳消失，体力增强，还对因瘴气侵扰和长期饮酒导致的疾病有解毒和治疗作用，遂在当地流传开来，被誉为解毒"神药"。许多人外出采集或狩猎，都会随身携带或在口中含一小片樟芝，以抵御瘴气毒雾，提高身体机能，但对外界却秘而不宣。

　　清乾隆三十八年（1773），福建漳州人吴沙（1731—1798）来到台湾。吴沙早年专研"岐黄之术"（即中医），赴台后常去山中采药行医，对病者施药救治，为人侠义。吴沙后娶当地人为妻，发现了牛樟芝的神奇功效。他将牛樟芝酌情加入各种处方中，药效倍增，获"华佗再世"美誉。某年天花肆虐，吴沙在自配草药中加入牛樟芝，消除了疫情，挽救了数百患者的生命。

　　据《台湾通史》记载，嘉庆元年（1796），数千移民跟随吴沙进入台湾东部沼泽地垦荒。吴沙采购大量牛樟芝，"滤其汁，久不生腐"，让垦民饮之，垦民因而不惧毒瘴且气力大增，开垦良田千顷，并筑起土围，发展成现在的宜兰县。百姓称他是"开兰始祖""开兰老大""真成拓土无双士，正是开兰第一人"。现宜兰有吴沙故居、吴沙纪念馆，有为吴沙而立的昭绩碑，为吴沙所建的开成寺，寺内左殿专设吴沙祠堂，另有冠以吴沙名字的中学、小学和社区等。

2. 森林中的红宝石

牛樟芝着生于老龄牛樟树腐朽的心材内壁，或枯死倒伏牛樟树阴暗潮湿的表面，属腐生真菌，有寄生性，但寄生性不强。寄主牛樟树是在台湾地区海拔500~1500米山林里生长的独特树种，生长缓慢，分布稀少，树型高大。由于富含芳香精油，且材质优良，大量用于制造家具、雕刻器具和提炼芳香油，曾被肆意砍伐。牛樟芝的显著功效公之于世后，牛樟树又一次被滥砍滥伐，几乎成为濒临灭绝的树种，现已被禁止随意砍伐，受到重点保护。

牛樟芝附着在牛樟树上生长，外形会随牛樟树着生部位的形状而变化，有皮块状、板状、钟状、马蹄状或塔状等不同形状。其腹部无菌柄，表面有菌孔，颜色有鲜红色、淡红褐色、淡褐色、淡黄褐色和乳白色。板状樟芝表面多为橘红色，底面有浅黄色木栓质；钟状樟芝初呈橘红色，后随生长年限增加，变成橘褐色或褐色，晒干后褪成土黄色；着生于树干中空内壁的为浅黄白色。一般台湾西部山区出产的樟芝颜色较鲜红，气味比较清香；东部近海出产的樟芝色泽较暗红，香味比较浓重。

牛樟树越来越稀少，牛樟芝生长又很缓慢，生长期多在两年以上，所以野生牛樟芝十分难得。由于牛樟芝已被证明具有卓越的医疗保健功效，其功效甚至比人参、灵芝和冬虫夏草还要好，加上特别稀缺，所以价格昂贵，有人将其喻为"森林中的红宝石"，一点也不为过。

二 "灵芝王"

经过将近30年的现代研究，已初步明确牛樟芝的分类地位为担子菌门层菌纲多孔菌目多孔菌科台芝属，主要药理功效也已逐渐明确，如抗肿瘤、保肝护肝、解酒解毒、消炎、抗过敏、降血糖、降血脂和降血压等，其功效超过灵芝，被誉为"神芝""芝中之王"和"灵芝王"。

1. 抗肿瘤作用

癌症是危害人类健康的最大杀手之一。研究显示，牛樟芝提取物不但能抑制肿瘤细胞增殖和诱导肿瘤细胞凋亡，而且在抑制肿瘤转移方面有显著效果。当与抗肿瘤药物合用时，牛樟芝能帮助降低肿瘤细胞的抗药性，增强治疗效果；与抗肿瘤化疗药物联用，肝损伤会明显减轻。根据目前研究结果，牛樟芝具有阻止肿瘤增大及防止肿瘤细胞扩散的作用，而对于正常细胞几乎没有影响，甚至还有将肿瘤细胞反转成正常细胞的功能，对于未来肿瘤治疗的后续研究，有着重要意义。

（1）对肝癌的作用　肝癌是常见的恶性肿瘤，危害性相当大。肝肿瘤细胞在结构和功能上与正常细胞相同，但具有超过正常细胞的增生能力，从而对人体产生各种伤害。肝肿瘤细胞的生长会消耗正常细胞生长所需的营养物质，造成消耗性营养不良，还会压迫周围血管、神经和组织，并对周围器官和组织产生侵入性传播。一旦发生淋巴转移和血液转移，更是会全身扩散，比如肝癌的骨转移、脑转移和肾转移等。

牛樟芝长期以来被我国台湾地区居民用来治疗肝癌，效果显著。牛樟芝所富含的多种活性成分，能明显减少肝肿瘤细胞数量，使肝癌病人的病情有效缓解，甚至得以治愈。根据实验研究，牛樟芝具有提升动物肝脏细胞生存力、抗氧化力和解毒代谢能力的功效，还能抑制肝脏纤维化，并具有可对抗B型肝炎病毒的活性。B型肝炎正是引发急性肝炎、猛爆性肝炎，甚至导致肝硬化和肝癌发生的重要原因。

（2）对血癌的作用　血癌即白血病，是一种造血组织的恶性疾病。白血病与实体肿瘤不同，不是生长在身体局部的赘物，而是白血病细胞在骨髓内过度增生，造成正常的造血细胞（红细胞、白细胞和血小板）数量减少，并抑制红细胞和血小板的止血功能，加之没有足够的白细胞抗感染，使患者很容易受伤、出血和受感染。白血病细胞还能侵犯人体各个脏器而造成损害，对人体危害很大。

牛樟芝的研究开发，为白血病患者带来了希望。有学者对牛樟芝诱导白血病细胞的体外凋亡进行研究，结果显示牛樟芝可通过诱导细胞凋亡，抑制白血病细胞的增殖和生长。用牛樟芝提取物饲喂白血病小鼠，显著增加了白血病小鼠的成活率。体内实验结果还表明，牛樟芝能够减少白血病细胞进入肝脏和脾脏的机会，使白血病细胞扩散能力降低。

（3）对肺癌的作用　肺癌是发病率和死亡率增长最快、对人类健康和生命威胁最大的恶性肿瘤之一。肺癌起源于支气管黏膜上皮，绝大多数肺癌是恶性上皮细胞肿瘤。试验证实，牛樟芝可以有效抑制肺肿瘤细胞的发展。

研究证明，0.2%~2%的固态培养牛樟芝乙醇提取物，可以有效抑制人非小细胞肺癌的增殖，但对正常人肺成纤维细胞的增殖无影响。通过体内和体外试验，发现牛樟芝乙醇提取物对非小细胞肺癌的增殖、迁移或入侵形成剂量依赖性抑制，并诱导其细胞凋亡。

（4）对乳腺癌的作用　乳腺癌是女性乳房腺上皮细胞在致癌因子作用下，发生基因突变，使细胞增生失控，且细胞连接松散，肿瘤细胞很容易脱落游离，随血液或淋巴液等扩散全身，给乳腺癌的临床治疗增加很大困难。

研究证实牛樟芝对乳腺肿瘤细胞的生长有抑制作用。用浓度为25~150微克/毫升樟芝发酵液处理乳腺肿瘤细胞，可使乳腺肿瘤细胞活性丧失，并促使其凋亡。用40~240微克/毫升樟芝液处理乳腺癌细胞，得到类似结果，还可对乳腺肿瘤细胞的入侵和迁移能力产生显著的抑制作用。

（5）对前列腺癌的作用　前列腺癌是男性生殖系统常见的恶性肿瘤，发病率随年龄增长而增大。它对人体可产生多种危害，包括排尿障碍、疼痛、肿瘤细胞转移、不育和全身损害等。研究证实，牛樟芝对前列腺肿瘤细胞有很好的杀伤效果，无论术前治疗还是术后恢复都很理想。

（6）对胃癌的作用　胃癌可发生于胃的任何部位，是消化系统最常见的恶性肿瘤之一。经研究证实，牛樟芝重要活性成分三萜类化合物对治疗胃癌有显著疗效。

（7）对其他肿瘤的作用　实验发现，膀胱移行细胞癌对牛樟芝提取物很敏感，二者一起培养72小时，肿瘤细胞生长和增殖的抑制率均达50%，扩散能力下降为原来的1/3。从牛樟芝中分离出来的化合物，可有效抑制胰腺肿瘤细胞生长，阻断肿瘤细胞增殖，进而消灭癌变组织。100~200微克/毫升樟芝液可诱导口腔肿瘤细胞产生浓度依赖性凋亡。用牛樟芝处理黑色素瘤细胞，可导致细胞活力下降，继而致使细胞凋亡，效果优于桑黄和桦褐孔菌。牛樟芝乙醇提取物可对人恶性腺瘤细胞的增殖和转移产生抑制，有效成分为提取物中的3′-脱氧腺苷和樟菇酸A。

（8）对癌症的预防作用　牛樟芝可通过细胞中的多个机制，实现对多种癌症的预防效果。研究发现，牛樟芝可以通过对细胞周期过程的影响，对细胞生存和凋亡的调节，对肿瘤抑制因子的上调、浸润和迁移因子的下调、肿瘤血管生成因子的下调等机制，达到对肿瘤的治疗和预防效果。

2. 保护肝脏作用

肝脏是人体最大的消化腺，是最重要的代谢中心，同时还是人体最重要的血液净化和解毒中心。肝脏疾病种类很多，主要发生原因有过滤性病毒感染、新陈代谢异常、酒精或药物中毒、食品污染和寄生虫感染等，其中最常见的是病毒性肝炎（分甲、乙、丙、丁、戊五种）、肝硬化、酒精性损伤和肝癌等。

牛樟芝具有明显的护肝、强肝功能。首先发现这一功能的是我国台湾宜兰地区的居民，他们生性豪爽，时常宿醉，很易发生肝功能病变，但因经常食用牛樟芝，不但宿醉无碍，肝脏功能不受影响，已得肝病者还会逐渐康复。近年针对其护肝功能的研究颇多，现略举两例。

（1）对酒精肝损伤的保护　过量饮酒，往往导致肝脏损坏或肝功能失调、慢性酒精性肝炎和肝硬化等后果。在研究牛樟芝减轻酒精对肝脏损伤的试验中，发现其能明显降低肝生化值GOT（天门冬氨酸氨基转移酶，反映肝损伤程度的指标），相对于未服用牛樟芝的酒精损伤组，下降率分别为：牛樟芝菌丝体低剂量37.5%、高剂量43.7%，子实体低剂量31.3%、高剂量44.7%，证明牛樟芝子实体和菌丝体确实具有保肝作用。

（2）对人肝损伤的保护　将40名志愿者随机分为实验组和对照组，实验组给予每日3毫升牛樟芝发酵液，对照组给予3毫升空白培养液，实验4周后对血液和尿液进行生化检测，证明牛樟芝发酵液可增强正常人肝脏的抗氧化与解毒代谢能力，而对人体无明显副作用。另有研究发现，牛樟芝多糖能提升运动员训练后免疫球蛋白浓度，可确保选手在训练后快速恢复体质，降低中高强度训练对肝脏功能的伤害。

3. 降"三高"作用

福建中医药研究院报告，牛樟芝超微细粉能明显辅助降低高血糖小鼠的血糖，而对高血糖小鼠体重增加无显著作用。台湾辅仁大学研究报道称，牛樟芝发酵液和菌丝体对高血糖大鼠具有降血糖功效，对改善糖尿病有良好作用；在该校另一报道中，牛樟芝发酵液和菌丝体对于高脂饮食所诱发的高脂血症具有改善功能。

另有实验证明，将牛樟芝水萃取物施于患有高脂血症的仓鼠，确能降低其肝脏总胆固醇及甘油三酯，并提高肝脏过氧化氢酶、超氧化物歧化酶和谷胱甘肽过氧化物酶的浓度。

将牛樟芝固体发酵物用甲醇提取，能够有效降低高血压老鼠的心脏收缩压和舒张压，但不影响正常老鼠的血压。而野生牛樟芝甲醇提取物的降血压效果，不如牛樟芝固体发酵甲醇提取物。经由喂食野生牛樟芝子实体和固体培养牛樟芝，也证实可使自发性高血压模式小鼠的舒张压和收缩压降低。

4. 免疫调节作用

T细胞是一种从骨髓经过胸腺发育而来的淋巴细胞，它能直接攻击被病原体感染的细胞，消灭外来的病原微生物，直接影响到肿瘤的治疗和康复。实验证明，牛樟芝可以促进T细胞增生，有助于维护其毒杀病原体的作用，有效杜绝病原微生物的繁殖及扩散。

自然杀伤细胞也是一种淋巴细胞，它在免疫系统中扮演早期感染预防及杀死肿瘤细胞的重要角色。实验证明，牛樟芝可以促进自然杀伤细胞的活性，增固身体对抗肿瘤等疾病的第一道防线。

牛樟芝还可增加吞噬细胞的活性。比如吞噬细胞中的嗜中性白细胞，当其数值偏高时，表明身体受到感染或有组织损伤，而牛樟芝可以增强这种白细胞的吞噬活性，有效提升免疫功能。

综合所有实验结果，可知牛樟芝具有双向免疫调节功能，当免疫功能低下或失调时发挥增强作用，当免疫系统亢进时则向下调节至正常水平，这种双向调节可使免疫系统始终处于最佳状态。

5. 抗氧化和抗衰老作用

氧化自由基是一种可以在体内自行游走，能破坏健康细胞和组织的有害因子，往往会影响我们的生理机能，加速机体老化，严重时还会引起白内障、动脉硬化、心脏病、糖尿病、阿尔茨海默症等。如能消除过多的氧化自由基，许多老化现象和相关疾病就能得到有效预防。

研究证明，牛樟芝具有高度的抗氧化活性，将牛樟芝深层发酵所得培养基干物质（全液干燥）、发酵液过滤菌丝体后所得干物质（滤液干燥）和滤出的菌丝体，用不同溶剂提取其活性成分，检测抗氧化活性和自由基清除效果，发现极性较大的溶剂抗氧化能力较强，其中滤液干燥提取物的抗氧化能力最强。其抗氧化能力与所富含的三萜、多糖、多酚类的含量和比例有关，提取物中总多酚和粗多糖起主要作用。

用牛樟芝菌丝体多糖和发酵液多糖，测定它们清除羟自由基和超氧自由基的能力，发现两种多糖清除羟自由基能力一般，但清除超氧自由基能力很强，当多糖浓度达3克/升时，清除率分别达到86.9%和84.8%。

当代影响人类寿命的主要因素是与氧化有关的多发病，如心脑血管病和肿瘤等，这些病的发生多与体内自由基积累有关。牛樟芝抗自由基氧化的良好效果，奠定了它作为保健食品和药品的广阔前景。

6. 抗炎作用

通常来说，炎症是机体的一种抗病反应，对机体有益，体表外伤感染（如疖、痈）和各器官多发病（肺炎、肝炎、肾炎等）都属炎症性疾病。但炎症反应中某些有利因素会在一定条件下向相反方向转化，成为对机体有害的因素，因此需要能够对抗炎症过度反应的药物。

有人研究发现，当牛樟芝菌丝体多糖浓度达到50微克/毫升时，对肝炎病毒表面抗原的抑制效果最佳。牛樟芝菌丝体甲醇提取物在抗炎方面具有相当好的效果，浓度在2~20微克/毫升就可达到50%的抑制率，有潜力开发成新的抗炎药。

三 功效成分

牛樟芝之所以具有良好的医疗保健功效，主要是它富含许多重要的功效成分，如大分子的多糖、小分子的三萜类化合物，以及超氧化物歧化酶、腺苷和甾醇类物质等。

1. 多糖

牛樟芝多糖中主要含有β-D-葡聚糖，它能通过刺激巨噬细胞、T淋巴细胞、B淋巴细胞等增强人体免疫功能，产生免疫效应，从而达到抗癌、保肝、降血脂、抗炎等作用。

牛樟芝具有较强的抑制肿瘤作用，对不同肿瘤的抑制率不同，最高可达80%，其主因就是多糖中含有β-D-葡聚糖。研究证实，β-D-葡聚糖骨架呈螺旋形结构，是多糖类物质具有抗肿瘤活性的必要特征。

牛樟芝多糖存在于牛樟芝子实体和菌丝体中，且菌丝体多糖含量多于子实体。目前对牛樟芝多糖的研究主要集中于提高产量和药理活性，对分离纯化和结构特性的研究报道较少。对于牛樟芝多糖调节免疫力、抗肿瘤、护肝保肝等生理活性，其作用机制有待对多糖进一步分离纯化后再做研究。

2. 三萜类化合物

牛樟芝的苦味主要来自三萜类化合物。三萜类具有很强的药理活性，牛樟芝中三萜含量达到10%甚至更多，远超有"仙草"之称的灵芝，而且牛樟芝的三萜以麦角甾烷类为主，灵芝三萜以羊毛甾烷类为主，可据之区别二者及其三萜类化合物。

牛樟芝的强力药效多来自独特的麦角甾烷三萜类。麦角甾烷类三萜与胆固醇结构很相似，容易干扰动物胆固醇的代谢，这或许可以解释牛樟芝具有降低胆固醇、促使肿瘤细胞休眠、诱导肿瘤细胞凋亡的原因。

从牛樟芝中分离出的三萜类化合物已超过200种，其中研究较多的是樟菇酸A、樟菇酸B、樟菇酸C和樟菇酸K，药理研究表明这些樟菇酸具有多种生理活性，其含量越多，医疗价值越高。

3. 安卓奎诺尔

安卓奎诺尔是牛樟芝特有的一种化合物，2007年从牛樟芝的正己烷萃取物中分离得到，分子式$C_{24}H_{38}O_4$，相对分子质量390，属于泛醌类化合物。安卓奎诺尔具有抗肿瘤、抗氧化和抗炎等良好活性，对胰腺癌、肝癌具有明显的抑制作用，可显著抑制三种非小细胞型肺肿瘤细胞的增殖等，目前已进入美国食品药品管理局的二期实验，是具有优良前景的抗癌化合物。牛樟芝中安卓奎诺尔的含量越高，品质越好。可采用一些技术手段提高牛樟芝培养物中安卓奎诺尔的含量，使牛樟芝产品的品质得到进一步提升。

目前市场销售的牛樟芝产品有干、鲜子实体，以及子实体粉或发酵菌粉加工的片剂和胶囊，牛樟芝萃取物加工的胶囊、滴丸、口服液，或发酵液加工的胶囊和口服液，以及添加牛樟芝成分的冲调粉、养生茶和酵素等。从有效成分来分，有未经提取的、用水提取的、用醇提取的，水提的有效成分主要是多糖，醇提的主要是三萜。销售价格多数很高，且多是台湾生产、内地沿海商家经销，质量高低多靠厂家与商家的信誉和良心。

无论哪种牛樟芝产品，都应标明活性成分种类和含量，通常标多糖或三萜，特别是应将三萜含量标出，以供有关部门检测把关。未标活性成分及含量的产品，不要贸然购买。即使标出成分和含量，也要注意产品是否有相关部门的审批号，不能购买"三无"产品。

第四部分

神秘的
桦褐孔菌

4

提要

1. 《癌症楼》片段：病员们探讨能防病抗癌的桦树蘑。

2. 桦褐孔菌具有降血糖、抗肿瘤、抗病毒和免疫调节等显著功效。

3. 功效成分包括多糖、三萜类化合物、桦褐孔菌醇和黑色素等。

4. 产品以初加工或深加工的颗粒和粉剂为主，今后应向标明活性
   成分及含量的方向发展，冲泡类产品最好能同时浸泡出多糖和
   三萜类化合物，使功效翻番。

一 《癌症楼》

什么是桦褐孔菌？通过苏联著名作家索尔仁尼琴1968年的作品《癌症楼》（又名《癌症病房》）可以了解，我们先来阅读书中一个片段。

"如果要从头讲的话，沙拉夫，事情是这样的。关于马斯连尼科夫医生，先前的那个病人告诉我，他原是莫斯科近郊亚历山德罗夫县的一个本地老医生。按照从前的一般惯例，他在同一家医院里当了几十年的医生。他注意到一点：尽管医学书刊上关于癌的论述愈来愈多，可是他所接触的农民病人当中却没有人生癌。这是怎么回事呢？……"

"……于是他开始研究，于是他开始研究，"科斯托格洛托夫兴致勃勃地重复了一句，"结果发现这样一种情况：当地所有的农民，为了节省茶叶钱，都不煮茶喝，而是煮恰伽，又名桦树蘑……"

"那不是鳞皮牛肝菌么？"波杜耶夫打断他的话。最近他已感到绝望，终日不声不响，甘愿认命，此刻这种普通的、不难弄到的药物给他带来了一线光明。

在场的都是南方人，不要说鳞皮牛肝菌，即使桦树有些人也从未见过，所以更加不能想象科斯托格洛托夫所说的是什么东西。

"不，叶夫列姆，不是鳞皮牛肝菌。总的来说这甚至不是桦树蘑，而是桦树瘤。如果你记得的话，在一些老桦树上有这种……样子十分难看的增生物——一团瘤状的东西，外表呈黑色，里面是深褐色的。"

"那么，是多孔菌？"叶夫列姆继续追问，"从前人们用燧石打火时拿它们作引子？"

"也许是。就这样，谢尔盖·尼基季奇·马斯连尼科夫突然想到：几个世纪以来，俄罗斯庄稼人会不会就是在不知不觉中用这种恰伽抑制了癌症？"

"就是说，起到了预防作用？"年轻的地质学家点点头问道。今天整个晚上他都没法看书了，不过听一听这种谈话倒也值得。

"可是，光猜想还是不够的，懂吗？这一切都必须经过检验。还必须对喝与不喝这种自制土茶的人进行多年观察才行。还得让身上已经出现了肿瘤的人去喝这种土茶，这就要承担不用其他手段给人治疗的责任。并且需要摸准煮到什么温度、用多少剂量才合适：煮得滚沸好还是不滚好；每天喝几杯；会不会有后遗症；对哪种肿瘤治疗效果好些，对哪种差些。对所有这一切的研究，耗去了……"

"那么现在呢？现在呢？"西布加托夫急切地问。

而焦姆卡想道：莫非对腿也有帮助？说不定能保住腿？

"现在么？瞧，他写来了回信。信里告诉我，该怎么治疗。"

"他的地址您也有吗？"那个发声艰难的病人，迫不及待地问，他的一只手依然捂着嘶哑的喉咙，另一只手已从夹克口袋里摸出笔记本和钢笔。"信上连怎么个服法也写着吗？对喉头肿瘤起不起作用？"

不管帕维尔·尼古拉耶维奇是多么想保持自己的尊严，并以彻底的蔑视来对他的这位邻居实行报复，可是他却不能不听听这个故事。对提交最高苏维埃会议审查的1955年度国家预算草案的数字和意义，他再也看不进去了，干脆放下报纸，脸也渐渐转向啃骨者这边来，没有掩饰自己的希望——这种普通的民间土方也能治好他的病。为了不刺激啃骨者，帕维尔·尼古拉耶维奇已毫无敌意地、但毕竟是提醒式地问道：

"这种疗法是不是已经得到正式承认？有没有获得哪一级的批准？"

科斯托格洛托夫从窗台上居高临下地冷冷一笑。

"关于哪一级批准没批准，我可是不知道。信么，"他扬了扬用绿墨水写得密密麻麻的一小张有点发黄的纸，"信写得是很具体的：怎样捣碎，怎样溶解。不过我想，要是这种疗法已被上级批准，那么护士该会给我们发这种汤药喝的。楼梯上该会放着一只桶，也用不着往亚历山德罗夫那里写信了。"

"亚历山德罗夫，"发声困难的病人已经记下来了，"是哪个邮区的？什么街道？"他问得很快。

艾哈迈占也听得很有兴趣，在听的过程中还轻声为穆尔萨利莫夫和叶根别尔季耶夫翻译大意。艾哈迈占本人不需要这种桦树蘑，因为他正在渐渐康复。不过，只有一点他不明白：

"既然这种菌子是好东西，医生们为什么不采用呢？为什么没被收进药典？"

"这是一条漫长的路，艾哈迈占。有些人不相信，有些人不愿重新学习，所以千方百计地阻挠，还有一些人为了推行自己的一套方法而设置障碍，因而我们也就无从选择。"

科斯托格洛托夫回答了鲁萨诺夫，回答了艾哈迈占，但却没有回答发声困难的那个病人——没把地址给他。这——他做得很自然，仿佛没听见，没来得及，而实际上是不愿意告诉他。这个发声困难的病人有点不大知趣，尽管看起来令人敬重，身材和脑袋像个银行行长，甚至可以说像南美洲的一个小国的总理。再就是，奥列格不忍心叫马斯连尼科夫这个忠厚的长者牺牲过多的睡眠时间去给陌生人回信。毫无疑问，发声困难的病人会向他提出一连串的问题。如果大家一股脑儿地给马斯连尼科夫写信，那么你科斯托格洛托夫下次就甭想再收到回信了。

"那么，服法他写了吗？"地质学家问。纸和铅笔本来就放在他面前，他看书时总是这样。

"怎么个服法，我可以念给你们听，请拿铅笔准备写吧，"科斯托格洛托夫宣布说。

病房里顿时忙乱起来，大伙互相借铅笔、讨纸片。帕维尔·尼古拉耶维奇手头什么也没有（他倒是有一支新式的包尖自来水笔，可是留在家里了），焦姆卡递给他一支铅笔。西市加托夫、费德拉乌叶夫列姆、倪老头，也都想记。等大家都准备好了，科斯托格洛托夫便开始慢慢地一边念信一边解释：怎样使恰伽不要晒得太干，怎样捣细，用多少水煮，怎样熬浓和滤清，每次喝多少。

大家一行行地记着，有的写得快，有的跟不上便要求重念一遍，就这样，病房里的气氛变得特别融洽与和睦。他们之间有时说话态度是那么不友好，但有什么隔阂呢？他们只有一个共同的敌人——死亡。既然死亡跟所有的活人作对，那么世上还有什么能使他们分开的呢？

焦姆卡记完之后，用他那与年龄不相称的粗嗓门慢慢吞吞地说："不过……到哪儿去弄桦树蘑呢？这里又没有……"

二 "西伯利亚灵芝"

桦树蘑，学名桦褐孔菌，属担子菌门层菌纲锈革孔菌目锈革孔菌科纤孔菌属，在我国东北和日本称白桦茸，俄罗斯民间称恰伽（Chaga），是一种生长在寒冷地带的药用真菌，主要寄生在白桦树上，其菌核呈灰黑色瘤状物，分布于俄罗斯的西伯利亚，芬兰、波兰、日本北海道等北纬40°~50°地区，以及我国黑龙江大兴安岭、小兴安岭、吉林长白山和内蒙古东北部等地。

桦褐孔菌是俄罗斯、波兰、日本等国民间的常用药物，甚至上层人士也用它治疗疾病。俄罗斯历史文献记载，公元十一世纪时，俄罗斯大公弗拉基米尔就服用恰伽汤剂治愈了唇癌。据学者考证，在十六、十七世纪，东欧地区、俄罗斯、芬兰等国民间已广泛使用桦褐孔菌来防治各种疑难杂症，包括癌症、糖尿病、心脏病等，因而其被称为"西伯利亚灵芝"。

索尔仁尼琴《癌症楼》获得诺贝尔文学奖后，各国读者争相阅读，桦褐孔菌逐渐为世人所知。二十世纪七十年代，俄罗斯医学科学院和俄罗斯堪索莫乐斯基制药公司通过临床试验，证明桦褐孔菌提取物确有显著疗效，便封锁消息，秘而不宣，直到美国科学家从桦褐孔菌中发现活性物质，俄罗斯才把研究成果公布于世。

桦褐孔菌的有效成分已引起美国、日本、韩国等国研究者的广泛重视。俄罗斯医学科学院宣布桦褐孔菌为抗癌物质，政府批准桦褐孔菌可用于药品开发。美国把桦褐孔菌列入"特殊的天然物质"，日本则把桦褐孔菌作为肝癌、艾滋病和O-157大肠杆菌中毒的治疗药物，称其为"万能药"，已申请多项有关桦褐孔菌的专利。

据国内外学者研究，桦褐孔菌具有以下功效。

1. 抗肿瘤作用

（1）体外抗肿瘤作用　研究表明，桦褐孔菌多糖在体外可抑制肝癌、人卵巢癌等细胞株增殖，其不同极性提取物可对抗人宫颈肿瘤细胞、鼠黑色素瘤细胞、人结肠肿瘤细胞、人胃肿瘤细胞的体外增殖。其抗肿瘤机制在于可通过抑制细胞周期、干扰细胞新陈代谢、诱导细胞凋亡而达到抑制肿瘤细胞生长与增殖的作用。另外，韩国学者发现桦褐孔菌中含有的白桦脂酸对293型肿瘤细胞的抑制率高达70%。

用桦褐孔菌发酵菌丝体胞内多糖对人肝肿瘤细胞、鼠黑色素瘤细胞、人肺肿瘤细胞、人胃肿瘤细胞、人乳腺肿瘤细胞进行体外抗肿瘤研究，结果只对人肝肿瘤细胞和人乳腺肿瘤细胞具有抑制活性。菌丝体碱溶性粗多糖可在体外抑制人胃肿瘤细胞和人肺肿瘤细胞的增殖，而对人纤维肉瘤细胞无作用。有学者指出，桦褐孔菌发酵培养前24天，发酵物浸膏基本无抗胃肿瘤细胞活性，27~42天发酵物浸膏均有抗胃肿瘤细胞活性，其中以33天发酵物浸膏抗胃肿瘤细胞活性最高，浓度100微克/毫升时抑制率为61.2%。也有学者报道了发酵液提取物对人肝肿瘤细胞和人胃肿瘤细胞均有体外抑制作用。

（2）体内抗肿瘤作用　桦褐孔菌多糖对小鼠S-180肉瘤的生长有明显抑制作用。用桦褐孔菌的石油醚、丙酮、甲醇及水提取物进行抗小鼠体内S-180肉瘤试验，结果表明，提取剂极性越大，其抗肿瘤作用越强。桦褐孔菌水提物4种给药方法中，接种肿瘤同时腹腔注射给药对鼠黑色素瘤的体内抑制作用最强。另有试验发现240

毫克/毫升桦褐孔菌石油醚提取物，对H22肿瘤抑制率高达55.68%，抗肿瘤效果优于阳性药5-氟尿嘧啶，表明桦褐孔菌石油醚提取物可有效抑制H22肿瘤细胞的生长，并指出其抗肿瘤作用与增强免疫功能有关。从桦褐孔菌菌核中分离得到的三萜类化合物，具有显著的抗小鼠皮肤肿瘤细胞活性。

通过体内试验证实，桦褐孔菌菌丝体胞内多糖能显著增加黑素瘤小鼠的生命延长率。研究结果表明，桦褐孔菌胞外粗多糖及胞内外混合多糖对S-180和H22实体瘤及腹水瘤均有抑制作用，并在抗肿瘤的同时提高了机体免疫力。另外，其发酵液乙醇提取物对小鼠H22肝癌实体瘤的抑制率为44.15 %。

俄罗斯圣彼得堡第一医学研究所将桦褐孔菌用于许多无法动手术的晚期癌症患者，发现许多令人喜悦的变化，如患者能恢复食欲，开始出现疼痛缓解和体重增加的现象，这样的好转使多数患者能延长生命，进而获得和癌症积极做斗争的信心和勇气。有一则澳大利亚则报道显示桦褐孔菌提取物已经成功治愈了癌症。

2. 降血糖作用

试验结果证实，桦褐孔菌菌粉对小鼠正常血糖、正常小鼠糖耐量无明显影响，而只对糖尿病小鼠具有降血糖效果。桦褐孔菌菌核中的水溶性和非水溶性多糖对糖尿病小鼠都有降血糖作用，活性成分主要是 β-葡聚糖、杂多糖和蛋白复合物。桦褐孔菌菌核和菌丝体的多糖粗提物，对糖尿病小鼠均有降血糖作用，并且二者降糖效果无显著差异。桦褐孔菌提取物还对糖尿病大鼠的胰岛、肝和肾组织损伤有一定的保护和修复作用。桦褐孔菌多糖口服液能促进胰岛素分泌，促进肝糖原合成，降低血乳酸含量，有效降低糖尿病小鼠的血糖值。

　　研究结果表明，桦褐孔菌液体深层发酵产物能显著降低糖尿病小鼠的高血糖和脂质过氧化，对肥胖引起的非胰岛素依赖性糖尿病小鼠起到一定的治疗作用。在给小鼠注射了桦褐孔菌菌丝多糖后，其降血糖作用可维持3~48小时。另有报道，桦褐孔菌发酵液干物质的乙醇提取物，可修复糖尿病对小鼠胰腺组织的损害。

　　据报道，从1996年8月起，我国有专家在多家医院对服用桦褐孔菌提取剂的500名患者进行追踪随访，时间为1年。这是我国首次对桦褐孔菌治疗糖尿病大样本进行人群实验，最终收到的样本数389例。实验表明，服用桦褐孔菌制剂3个月后，329例患者的餐前血糖保持在5.3~6.3，289名患者在服用9个月后，停止胰岛素注射，221名患者甚至已不再使用任何化学降糖药。

　　俄罗斯Komsomlski制药公司生产的白桦茸精粉，号称对糖尿病的治愈率为93%，被广泛应用于2型糖尿病的科研和临床。最近日本从桦褐孔菌中提取分离出类似于人体胰岛素的真菌多肽蛋白，发现对糖尿病治愈率达95%。众多的临床病例可以充分证实桦褐孔菌具有明显的平衡血糖的功效。

3. 免疫调节作用

　　有研究发现桦褐孔菌调节用药者的免疫系统，可应用于多种疾病的治疗。通过溶血空斑和单核巨噬细胞吞噬功能试验，发现桦褐孔菌多糖对小鼠免疫功能有促进作用。桦褐孔菌多糖可显著促进淋巴细胞转化，有效提高健康小鼠免疫器官指数、吞噬指数和血清溶血素含量。

　　研究发现，桦褐孔菌菌丝体多糖可强烈激活与B淋巴细胞和巨噬细胞有关的体液免疫，他们认为高分子质量β-葡聚糖比低分子质量β-葡聚糖更具有活性，分子质量为1100的菌丝体多糖活性高；经蛋白水解酶处理后，其活性无变化，表示蛋白多糖中蛋白质不影响免疫活性。在人的外周血单个核细胞增殖试验中，证明桦褐孔菌发酵物多糖和菌核多糖均具有一定的增殖活性，其中菌核的增殖活性强于发酵产物。

4. 抗病毒作用

研究发现桦褐孔菌提取物具有预防非典病毒的作用，同时还有很强的抗艾滋病毒作用，并且与抗艾滋病药物混用时能提高疗效，减轻药物的副作用。有学者发现桦褐孔菌水溶性木质素衍生物及桦褐孔菌三萜化合物，在体外可抑制艾滋病毒的增殖，其作用可能与抑制艾滋病毒逆转录酶和蛋白酶活力有关。日本学者报道，桦褐孔菌对O-157大肠杆菌中毒有很好的治疗作用。桦褐孔菌外表黑色部分的提取物，在质量浓度为40微克/毫升时，对人流感病毒A和B及马流感病毒A有完全的活性，抗病毒成分主要是桦木醇、羽扇豆醇和真菌甾醇，这些成分主要存在于桦褐孔菌外表面，内部含量很少。

桦褐孔菌菌丝体也有抵制巨细胞形成的较强活性，在质量浓度为35微克/毫升时，可阻止艾滋病病毒的感染，并有效激活淋巴细胞，且毒性很低。

5. 抗氧化作用

研究指出，桦褐孔菌多糖、水提取物、乙醇提取物、乙酸乙酯提取物及桦褐孔菌中的多酚类物质，均具有较强的清除自由基能力。有学者对桦褐孔菌几种提取物的抗氧化能力进行比较，指出多酚类物质具有最强的抗氧化能力，三萜类化合物和类固醇其次，而多糖作用较弱。有学者指出，桦褐孔菌的水提液能增强过氧化氢酶的活力，清除体内的自由基，保护细胞，延长传代细胞的分裂代数，增进细胞寿命。实验发现桦褐孔菌乙醇提取物，能使受γ-射线体外照射的小鼠平均寿命延长，使血液脂类过氧化物、血清修复蛋白与正常的老鼠水平几乎一致。桦褐孔菌菌核中的黑色素也具有抗氧化和基因保护功能。

实验还发现桦褐孔菌发酵菌丝体内的总黄酮，对多种自由基具有很强的清除能力。桦褐孔菌菌丝体胞内多糖、胞外多糖、胞内外混合多糖及发酵液浸膏多糖，均具有清除自由基能力。此外，桦褐孔菌菌丝体、发酵液及发酵浸膏的各极性组分，也都能较好地清除多种自由基。桦褐孔菌发酵液甲醇提取物也具有较强抗氧化能力。

6. 其他药理作用

桦褐孔菌乙醇提取物对小鼠急性肝损伤具有保护作用。在55种蘑菇菌丝体或菌核的水和乙醇提取物中，桦褐孔菌菌丝体乙醇提取物抑制血小板聚集的活性最高（81.2%），可开发成抗血栓功能食品。桦褐孔菌多糖及水煎剂均具有显著的调节血脂作用。桦褐孔菌可降低高血压患者的血压并减轻症状，与常规降压药合用有协同作用。此外，桦褐孔菌还可配合恶性肿瘤患者的放疗或化疗，增强病人的耐受性，减轻毒副作用。桦褐孔菌水煎剂、多糖、白桦脂醇在体外试验中均能抑制弓形虫的生长和繁殖，其中多糖组的抗虫效果优于其他两组。

桦褐孔菌在俄罗斯还作为疼痛缓解剂、滋补剂使用，也有人指出桦褐孔菌可以抗辐射，治疗呕吐、腹泻，增加食欲以及抗失眠等。民间还应用桦褐孔菌治疗结核病、心脏病、蛔虫病、十二指肠溃疡、肝炎、胃炎、肾炎等，对因不合理饮食而导致的骨质方面疾病也有良好的预防和治疗作用。

三　功效成分

综上所述，桦褐孔菌具有多方面的医疗保健功效，这些功效与所含下述成分密切相关。

1. 多糖

桦褐孔菌菌核中含有一种糖蛋白和一种水溶性多糖（其主要成分是β-葡聚糖，还含有少量杂多糖），均具有明显的降血糖作用。采用水提醇沉法提取桦褐孔菌多糖，将其灌胃高脂血症模型大鼠，结果有明显的降血脂作用。桦褐孔菌多糖对小鼠S-180肉瘤的生长有明显抑制，其大、小剂量组的抑制率分别为56.31%和44.34%。

2. 三萜类化合物

三萜类化合物是桦褐孔菌的主要活性成分之一，对肿瘤、糖尿病、心血管疾病、肝病及艾滋病的预防和治疗有显著功效。试验表明桦褐孔菌中三萜类化合物的含量明显高于其他药用真菌，且发酵菌丝体中三萜含量高于野生菌核（菌核为59.86毫克/克，菌丝体为94.92毫克/克）。

3. 桦褐孔菌醇

桦褐孔菌醇属于三萜类化合物，是桦褐孔菌的标志性成分，分子式为$C_{30}H_{50}O_2$，相对分子质量442，在野生桦褐孔菌菌核中的含量为0.2%左右，但发酵菌丝体中的含量低。加入微量银离子以及调整pH、温度和光照等培养条件，有利于菌丝体中桦褐孔菌醇含量的提高。

桦褐孔菌醇是桦褐孔菌的主要抗肿瘤成分，对肝肿瘤细胞、乳腺肿瘤细胞和白血病细胞等都有很强的抑制活性。对白血病荷瘤小鼠腹腔注射桦褐孔菌醇10毫克/千克，可显著延长小鼠存活时间；桦褐孔菌醇在50微克/毫升浓度时，可以100%杀死大鼠瓦克肿瘤细胞和人乳腺肿瘤细胞。桦褐孔菌醇还具有很强的抗突变和抗氧化活性。分离提纯的桦褐孔菌醇有望成为新的抗肿瘤药物。

4. 超氧化物歧化酶

据日本报道，桦褐孔菌中含有的超氧化物歧化酶，是灵芝的数十倍，桑黄的上百倍。超氧化物歧化酶具有特殊的生理活性，可对抗与阻断氧自由基对细胞造成的损害，并及时修复受损细胞，是生物体内清除氧自由基的首要物质，被称为"人体的垃圾清道夫"。随着年龄增长和某些外界因素，机体和皮肤组织会产生过量自由基，导致体表和机体衰老。适当补充超氧化物歧化酶，能够有效清除自由基，延缓衰老，使机体保持健康状态和旺盛活力。

5. 黑色素

桦褐孔菌含有丰富的黑色素，这种黑色素能溶于水而难溶于醇。用水浸泡桦褐孔菌制作茶饮，浸泡多次的茶液仍有较深色泽，而用酒浸泡桦褐孔菌，仅得淡黄色酒液。根据俄罗斯有关研究机构的报告，桦褐孔菌中的黑色素是一种苯酚系物质，有很强的抗氧化作用，能有效对抗活性氧引起的损害，可防治肿瘤等多种有关疾病。

四　主要产品

桦褐孔菌目前还处于研究开发阶段，深加工产品不多，市场供应的多是桦褐孔菌块状菌核，或者简单加工的颗粒和粉剂。工业加工的产品有袋泡茶，袋内装有菌核颗粒或提取颗粒；还有提取精粉，以及用其加工的片剂和口服液等。产品多从俄罗斯进口，经销商多在东北，国内生产厂家很少，精深加工的产品更是鲜见。今后应在生产和提取上下功夫，提高产品中多糖和三萜类化合物，特别是桦褐孔菌醇的含量，并在产品包装上明确标注。冲泡类产品最好采用新技术，能用热水同时浸泡出多糖和三萜类化合物，这样既可充分利用这两种活性成分，又可发挥二者的协同作用，使功效成倍提升。

第五部分

5

你不知道的蛹虫草

提要

1. 蛹虫草是蛹草菌感染昆虫的蛹或幼虫后生成的虫菌复合体。

2. 现代研究证明，蛹虫草具有显著的免疫调节、抗肿瘤、抗氧化、抗衰老和雄性激素样作用，其功效甚至优于冬虫夏草。

3. 蛹虫草的活性成分有虫草素、腺苷、虫草多糖和虫草酸等，其中备受瞩目的虫草素，已被美国食品药品监督管理局批准并进入三期临床，国内已列入国家863计划。

4. 初级产品包括蚕虫草、蛹虫草和虫草花；深加工产品种类虽多，但多未标明活性成分，特别是虫草素；少数产品标出虫草素但含量不高，或含量较高而价格很高。如虫草素含量既高又价格合理，将会广受消费者欢迎。

香菇、灵芝等大多数食药用菌，以树木、朽木或木屑、棉籽壳等植物性材料为营养源，有很强的分解利用纤维素的能力，它们多数属于担子菌，少数属于子囊菌。还有一类药用真菌，能在昆虫体内生长，称之为虫生真菌，它们多属于子囊菌，其中能从虫体长出子实体的称为虫草。全世界发现的虫草有400余种，我国报道的有100余种，蛹虫草就是一种典型的虫草。

一　虫与菌的神秘结合

形成虫草的真菌和昆虫，究竟是如何结合的？

在自然界中，虫生真菌的孢子通过空气、土壤或水的带动，如果碰到适合的昆虫，会黏附在虫体上。当温度、湿度等条件适宜时，这些真菌孢子就萌发出芽管，侵入虫体形成菌丝，在虫体内寄生。被感染的昆虫如果不能抵抗这种真菌的侵袭，便进入疾病状态，无奈地任由真菌生长增殖。

真菌菌丝在生长的同时，会分泌多种酶，降解昆虫体内的蛋白质和脂肪等大分子物质，将其转变成能被菌丝吸收利用的小分子营养，以满足菌丝迅速生长的需要。随着菌丝不断生长，昆虫逐渐死亡，真菌由寄生转为腐生。当虫体营养被消耗殆尽时，虫体变成充满菌丝和虫体剩余物的菌核，真菌逐渐从营养生长向生殖生长转化。在外界条件适宜时，菌丝在虫体某些部位转化成子座，长出子实体，孕育产生新一代子囊孢子。

由此可见，虫草是真菌感染昆虫后形成的虫菌复合体。有的虫生真菌对昆虫很挑剔，只侵染某一种或少数几种昆虫，而且只侵染这种昆虫的幼虫，比如冬虫夏草菌，它生长在高寒地带，只侵染在高寒地带生长的虫草蝙蝠蛾幼虫。有的虫生真菌"食谱"很广，能侵染不同地域、不同种类的昆虫，而且昆虫的幼虫、蛹和成虫都能被侵染。蛹虫草就是这样一种"食谱"较广、侵染能力较强的虫生真菌，是虫草属真菌的模式种（即代表种）。

二　大自然的恩赐

　　蛹虫草又称蛹草，北方称北虫草或北冬虫夏草，我国和世界许多地方都有分布。蛹虫草属于子囊菌门、核菌纲、肉座菌目、麦角菌科、虫草属，与冬虫夏草同属不同种，亲缘关系很近，有着相同的活性成分和医疗保健功效，是代替冬虫夏草的最佳品种。

　　蛹虫草始载于《新华本草纲要》，书中称其"味甘，性平"，有"益肺肾、补精髓，止血化痰"功效。现代中医学巨著《中华药海》记载："蛹草，别名北冬虫夏草（吉林），性味甘、平，入肺、肾二经。功效主治：①益肾补阳，本品甘平，补肾阳，益精髓，用治肾阳不足，髓海空虚，眩晕耳鸣，健忘不寐，腰膝酸软，阳痿早泄等症。②止血化痰，本品即补肾阳，有益肺阴，保肺益肾，秘经益气，对肺肾不足、久咳虚喘、劳嗽痰血者有较好疗效"。《全国中草药汇编》则记载："蛹虫草（北虫草）的子实体及虫体也可作为冬虫夏草入药"。

1. 免疫调节作用

蛹虫草在机体免疫病理过程中，起着多重调节作用，通过调节减轻或制止细胞免疫功能紊乱。其免疫调节不是在单一环节发生作用，而是从多角度、多环节、多方位逆转免疫的病理变化。实验表明，蛹虫草对小鼠的细胞免疫和体液免疫均具有调节作用，并能增强腹腔巨噬细胞的吞噬功能，还可显著提高自然杀伤细胞的杀伤力及血清溶血素的含量，促进抗体的形成。

蛹虫草的免疫作用主要与蛹虫草多糖有关。研究表明，蛹虫草多糖不同组分均能增加小鼠胸腺和脾脏的质量，提高机体的体液与细胞免疫力。蛹虫草胞内、胞外多糖均能显著提高小鼠腹腔巨噬细胞吞噬率和吞噬指数，其吞噬功能的增强代表着机体非特异性免疫的增强。此外，蛹虫草多糖还能显著增强小鼠血清溶菌酶活力，提高小鼠肝红细胞活力，并能对抗环磷酰胺引起的外周血白细胞数目下降。蛹虫草多糖对人外周血淋巴细胞具有双向免疫调节作用，能直接作用于淋巴细胞，可抑制器官移植等引起的排斥反应。

2. 抗肿瘤作用

虫草能抑制肿瘤细胞裂变，阻延肿瘤细胞扩散，显著提高体内T细胞、巨噬细胞的吞噬能力。蛹虫草多糖能选择性地增加脾脏营养性血液量，使脾脏质量明显增加，脾脏中浆细胞明显增多，具有一定的抗放射作用。蛹虫草多糖还能提高血清的皮质酮含量，促进机体核酸及蛋白质代谢，因而具有抑瘤作用。

蛹虫草对多种肿瘤具有良好的抑制效果。药理实验证明，蛹虫草子实体可明显抑制S180瘤，对人黑色素瘤B16细胞、人白血病

HL260细胞、人体红血病K562细胞及喉癌细胞均具有较好抑制效果，且部分作用优于冬虫夏草。蛹虫草能加强环磷酰胺、6-巯基嘌呤和卡铂等抗癌药物的抗肿瘤作用。蛹虫草水提物抑瘤率为67%，虫草菌丝水提物抑瘤率为59%~66%。

关于蛹虫草抑制肿瘤的机制已取得初步的研究结果。蛹虫草发酵菌丝提取物通过影响相关基因的表达来抑制血管的形成，从而抑制黑色素瘤的生长。蛹虫草水提液能通过诱导细胞凋亡，使白血病细胞的生长受到抑制。蛹虫草主要有效成分虫草素的结构与腺苷相似，替代腺苷参与细胞代谢过程，使得mRNA无法成熟，最终抑制肿瘤细胞的生长。

3. 抗氧化、抗衰老作用

有学者研究指出，蛹虫草提取物能有效防止D-半乳糖致衰老小鼠的多项衰老体征出现，具有明显的延缓衰老作用，其作用机制可能与其提高抗氧化酶活力、清除自由基、减少过氧化脂质的生成有关。人工培育蛹虫草菌丝和天然蛹虫草制剂均能明显提高超氧化物歧化酶、谷胱甘肽过氧化物酶的活力，增加白细胞介素含量，表现出抗衰老作用。

研究证实，蛹虫草对治疗阿尔茨海默症的有效率为57.14%，明显优于维生素E。实验提示蛹虫草的抗衰老作用是通过抗氧化作用来实现的。蛹虫草中的虫草酸能清除人体自由基，明显拮抗组织匀浆产生过氧化脂质，显著增加细胞能荷值，降低血压，扩张心脑血管，调节血液黏稠度，抑制脂质在血液及血管壁上的沉积，对心肌也有保护作用。蛹虫草提取液（2.68克/升）对小鼠肝匀浆脂质过氧化抑制率为89.38%，与丹参作用相近，其抗氧化能力是首乌补肾胶囊的2.3倍。

蛹虫草对羟自由基的清除作用比同剂量的甘露醇作用强，对四氯化碳所致的肝脏损伤具有明显的保护作用；对氧自由基的清除作用则不如同剂量的抗坏血酸。采用正己烷急性吸入模型，对蛹虫草提取液的抗氧化作用进行体内实验研究，结果表明蛹虫草具有拮抗由急性吸入正己烷引起的机体活性氧自由基的损伤反应，证明蛹虫草提取液有抗脂质过氧化作用。

4. 雄性激素样作用

蛹虫草能修复腺嘌呤引起的睾丸功能障碍，增强睾丸的内分泌与生精能力，增加大鼠血清睾酮含量。此外，虫草多糖能使血浆皮质酮含量上升，使体重及皮腺、精囊、前列腺的重量显著增加，有明显的雄性激素样作用。有关的临床实验证实，蛹虫草对肾虚腰痛、蛋白尿、糖尿病等肾功能障碍患者，及肾虚所致的阳痿早泄都有很好的疗效。

5. 抑菌、抗炎作用

人工发酵蛹虫草菌丝体和天然蛹虫草水提液，对小鼠或大鼠都具有明显的抗炎作用。蛹虫草菌种发酵液中含有耐热的广谱性抗菌物质，能够拮抗革兰阴性及阳性菌、芽孢菌和非芽孢菌以及链霉菌。蛹虫草中的虫草素对葡萄球菌、链球菌、炭疽杆菌、猪出血性败血症杆菌等均有抑制作用。蛹虫草煎剂对须疮癣菌、絮状表皮癣菌、石膏样小芽孢癣菌、羊毛状小芽孢癣菌等真菌及鸟结核杆菌、枯草杆菌、鼻疽杆菌等结核杆菌也都有抑制作用。另有实验表明，人工培养蛹虫草中的多糖具有抗炎作用，而对细胞免疫没有明显影响。

6. 镇静、催眠作用

在蛹虫草中，已知含有维生素A、维生素E、维生素D、维生素C及B族维生素，所有维生素含量高于冬虫夏草5~10倍，能使副交感神经兴奋性明显降低，具有调节中枢神经系统的作用，并对自主神经系统具有外周抗胆碱作用，可用来辅助治疗失眠、心悸，还能产生镇静效果。相关试验表明，蛹虫草能够减轻小鼠惊厥，减少和控制小鼠活动，协同戊巴比妥钠诱使小鼠睡眠，其催眠和镇静效果与冬虫夏草相似。另有人研究蛹虫草水煎液的药理作用，结果表明蛹虫草确实有镇静和增强戊巴比妥钠的睡眠功效。

7. 其他药理作用

蛹虫草还具有降低血压及减慢心率，增强心肌耐缺氧缺血能力，抗心律失常，抑制血小板凝聚，调节血液黏稠度和血脂水平等作用。在急慢性支气管炎、肺虚咳嗽和哮喘等病症的治疗方面，蛹虫草也能发挥一定的功效。另外，蛹虫草对于美容和减肥等也有着很好的效用。

三 功效成分

1. 虫草素

早在1950年，德国科学家坎宁汉（Cunningham）等人，观察到被蛹虫草菌寄生的昆虫组织不易腐烂，随后从蛹虫草菌人工培养的滤液中，分离得到一种抗菌物质，将其定名为虫草素，后来确定为3′-脱氧腺苷。

虫草素又叫虫草菌素、蛹虫草菌素，能溶于水、热乙醇和甲醇，不溶于苯、乙醚和氯仿，分子式为$C_{10}H_{13}N_5O_3$，相对分子质量251，熔点$225 \sim 226℃$，是从真菌中分离出来的第一个脱氧核苷类抗生素。

虫草素具有增强人体免疫功能、抗肿瘤、抗菌消炎、抗氧化、抗衰老及调节人体内分泌等显著作用。因此，无论是医疗康复还是保健养生，虫草素都将拥有巨大的应用前景。日本和韩国等国家一直有机构从事高纯度虫草素的分离纯化研究，已有产品出口欧美市场；治疗白血病的虫草素药物已被美国食品药品监督管理局批准，并已进入三期临床。在国内，虫草素已引起研究者、开发者和消费者的关注，研究和开发直追美日韩等国家，并已列入国家863计划。

中国科学院微生物研究所魏江春院士认为，虫草素是虫草真菌特有的活性物质，在微生物学的发展道路上，已有两个里程碑，第一个是牛痘疫苗，带动了疫苗产业的兴起；第二个是青霉素，带动了抗生素产业的兴起；而第三个里程碑，将是真菌活性物质的开发，虫草素就是这一产业的代表。

（1）**免疫调节作用**　人类先天就具有免疫防卫系统，以抵抗外来病原的袭击和自身细胞的病变。所谓免疫就是机体识别和排斥异己抗原的过程和能力。免疫反应的细胞学基础是淋巴系统，主要是小淋巴细胞，它们能专一地识别抗原并起免疫反应。在受到抗原刺激后，一类小淋巴细胞便增生、分化，直接参与攻击细胞或间接释放一些生物活性因子。另一类小淋巴细胞则增生分化为浆细胞，合成抗体（免疫球蛋白）。这些抗体分布在体液中，有多种效应，能与相应的抗原结合，中和、调理这些抗原（病菌及毒素），从而保护机体。

研究人员发现，虫草素能够显著提高人体外周血单核细胞的分泌和mRNA的表达，同时对诱导产生白介素-2的植物血球凝集素和外周血单核细胞扩增有抑制作用，抗白介素-10中性抗体也不能完全阻止虫草素对白介素-2的抑制。在虫草素作用下，成熟树突状细胞能诱导调节T细胞增殖，而且还能抑制细胞分裂，改变细胞膜上物质结构分布，对T淋巴细胞转化有促进作用。它还可以提高机体单核巨噬细胞的吞噬功能，激活巨噬细胞产生细胞毒素，直接杀伤癌细胞。

此外，虫草素还能抑制蛋白质激酶活力，抗核苷磷酸化酶糖基的裂解，对体液免疫有调节作用。在研究虫草素抗小鼠迟发型超敏反应的作用及其免疫机制实验中，表明虫草素可能通过其他免疫调节作用，对迟发型超敏反应引起的小鼠接触性皮炎发挥明显的抑制效应。该效应与用药剂量有关，同时对脾脏组织未见明显毒性作用。

虫草素所起的免疫调节作用有以下几点。

①增强单核巨噬细胞的吞噬指数，还能增强单核巨噬细胞对抗原的识别处理和传递能力。

②增强体液免疫功能：虫草素可以直接诱发B淋巴细胞的增殖反应，放大、调节B淋巴细胞的增殖反应和应答反应。

③对细胞免疫起免疫调节作用：研究证明，虫草素既能对机体细胞免疫功能起增强作用，又能在某些情况下抑制机体细胞免疫功能。其原因与当时机体所处的免疫状态有关，当机体免疫功能低下、肿瘤发病时，虫草素可激发机体细胞免疫功能，达到免疫增强

作用；但在机体发生过敏反应，处于应激状态时，虫草素则可抑制机体的细胞免疫功能，起到选择性抑制作用。

④增强自然杀伤细胞的活性：人们面临的很多疾病，如肿瘤、白血病、肝炎等，目前尚无特效药物，只能通过增强人体免疫力加以控制，也就是说，"补益"是治疗这些疾病确实可行的途径，在这里"补"即是治，通过补益达到治疗的目的。利用虫草素进行艾滋病临床治疗的日本冈田院长，已证实虫草素可增强免疫机能，"其基本功能就是增强体质、加强免疫力和抵抗病菌，即增强抗病能力，改善血液循环，抑制炎症，镇定痉挛等。"

（2）抗肿瘤作用　虫草素对肿瘤的抑制作用一直是医学界关注的热点。研究发现，对接种艾氏腹水癌的小鼠皮下注射虫草素，可使小鼠中位生存期延长到60天，而对照组仅为19天，这说明虫草素对小鼠艾氏腹水癌有明显的抑制作用，能明显延长接种艾氏腹水癌小鼠的存活时间。

还有研究表明，虫草素对人鼻咽肿瘤细胞和人宫颈肿瘤细胞等均有明显的抑制作用。科学家推测虫草素可能有3种抑制肿瘤的机制：一是虫草素的游离羟基，可以渗入肿瘤细胞脱氧核糖核酸中发生作用；二是抑制核苷或核苷酸的磷酸化而生成二磷酸盐和三磷酸盐衍生物，从而抑制肿瘤细胞核酸的合成；三是阻断黄苷酸氨化形成鸟苷酸的过程。

根据研究状况，虫草素的抗肿瘤机制大致可分为以下几方面。

①虫草素对肿瘤细胞核糖核酸的抑制：已证实虫草素可渗入到核糖核酸中，其磷酸化物3′-三磷酸腺苷对小鼠淋巴瘤细胞中脱氧核糖核酸多聚酶的活力无影响，但对核Ploy（A）多聚酶有很强的抑制作用，从而影响信使核糖核酸（mRNA）的形成，继而影响蛋

白质合成。

②通过对子宫颈肿瘤传代细胞的研究表明，虫草素可以使完全核糖体和核糖体的前体（45S，S为沉降系数）水平显著降低，18S核糖体的前体可以从45S核糖体中分裂，但32S核糖体的前体不能从中产生；转运核糖核酸tRNA的合成也被降低，核不均一核糖核酸的合成没有受到影响，但细胞质不均一核糖核酸的合成轻微减少；虫草素还能抑制人子宫颈肿瘤传代细胞mRNA的转录，但对核内不均一核糖核酸和转运至细胞质没有影响；通过对小鼠白血病细胞中核糖体核糖核酸、非多聚腺苷酸核不均一核糖核酸和多聚腺苷酸核不均一核糖核酸的合成测定，都表明虫草素能对各种形式的核糖核酸起抑制作用，同时2′-脱氧柯福霉素能增强这种抑制作用。

③在对小鼠肝肿瘤细胞的研究中发现，虫草素可以阻碍45S核糖体前体的合成，其活性形式对主要负责核不均一核糖核酸合成的RNA聚合酶Ⅱ，比对主要负责核糖体前体合成的RNA聚合酶Ⅰ敏感。研究结果表明，虫草素通过对肿瘤细胞RNA的抑制表现出抗肿瘤作用。

④虫草素对肿瘤细胞脱氧核糖核酸（DNA）的抑制：通过虫草素与小牛胸腺DNA作用机制的研究发现，DNA荧光光谱先是增强然后减弱，最终伴随轻微的蓝移，这表明了虫草素可能插入DNA双螺旋结构碱基对间；同时磷酸盐的淬灭作用说明虫草素与DNA的磷酸基团也能发生作用。证明虫草素与DNA可能存在两种作用方式，即插入方式和与DNA的磷酸基团作用。虫草素对肿瘤细胞DNA的抑制机制还有待进一步研究。

⑤虫草素对信号传导通路的调节：经过研究发现，以黑色素细胞刺激激素处理小鼠黑色素瘤细胞6天，可引起酪氨酸激酶活力升

高90倍，此酶信号传导途径的紊乱，可以促使肿瘤的形成与发展。虫草素可以通过抑制此酶的活力，进而抑制肿瘤的形成。

⑥虫草素可在肿瘤增殖过程中抑制血管新生而呈现其抗癌作用，还可以通过激发肿瘤细胞中腺嘌呤核苷A3受体，从而抑制小鼠黑素瘤细胞和肺癌细胞的生长。开展虫草素对信号传导通路调节的研究，将为攻克癌症打开又一个新的突破口。

⑦虫草素对睾丸间质瘤细胞的抑制作用：其机制主要有两个方面，一是通过调节信号传导通路而完成，这些通路是膜受体信号向细胞内传导的重要途径。二是引起睾丸间质瘤细胞类固醇的生成，虫草素激活蛋白激酶C通路以刺激小鼠睾丸间质肿瘤细胞生成类固醇，从而抑制肿瘤增殖。

目前已经发现虫草素对白血病、肝癌、肺癌、乳腺癌、宫颈癌、前列腺癌、甲状腺癌、膀胱癌等多种癌症，以及黑色素瘤、睾丸间质瘤等恶性肿瘤都具有显著的抑制效果。美国已在13家医院进行三期临床试验，主要用于白血病、脑瘤及其他肿瘤病人。国外研究还证明，对动物900毫克/千克未出现毒性反应，而动物试验显效量为50~200毫克/千克。已有人体药物代谢动力学的报告，人体治疗量20~80毫克/天，肝和肾内含量0.15毫克/千克。

（3）抗白血病作用　上海医药工业研究院的研究发现，患有白血病的裸鼠在服用虫草素后，寿命得以延长。目前，虫草素治疗白血病的药用价值已得到医学界广泛关注。2000年，美国国家癌症研究所研究人员和美国波士顿大学医学院教授共同研究，证实虫草素对治疗白血病有很好疗效。

通过体内试验研究发现，虫草素作为一种腺苷脱氨酶抑制剂，对末端脱氧核苷酸阳性白血病细胞的抑制大于对末端脱氧核苷酸阴性白血病细胞的抑制。经过分析其抗白血病的机理，表明3′-三磷酸脱氧腺苷不是抗白血病的主要原因，而末端脱氧核苷酸转移酶的活力才是主要原因。

其他研究发现，虫草素对末端脱氧核苷酸阳性白血病细胞的凋亡诱导与提高蛋白激酶活力密切相关，并且经虫草素处理白血病细胞，可显著抑制核糖核酸的甲基化。

（4）抗氧化抗衰老作用　实验表明，虫草素是强还原性物质，能提高人体细胞的抗氧化能力，有效清除人体内的氧自由基，帮助人体延缓衰老。

虫草素是3′-脱氧腺苷，很容易被氧化成腺苷，此过程可减少机体内的氧自由基。研究表明，低浓度虫草素即能有效抑制自由基的氧化反应，其作用机理可能是直接作用于自由基，将自由基还原为非自由基，或间接消耗掉容易生成自由基的物质。

氧自由基可以损害线粒体功能，线粒体功能障碍在病理生理过程中广泛存在，往往成为致病的重要诱因。虫草素能抗氧化、抑制自由基、维护线粒体功能，有效保护机体细胞和组织免受氧化损伤。

测定饲喂6天不同浓度虫草素的活体果蝇中超氧化物歧化酶活力、过氧化氢酶活力以及丙二醛含量，与对照组比较，1.0毫克/千克实验组果蝇体内的超氧化物歧化酶活力和过氧化氢酶活力明显升高，而丙二醛含量明显降低，证明虫草素确实具有抗氧化和抗衰老作用。

（5）降血脂作用　虫草素还具有良好的降血脂功能。中国医学科学院药物研究所的动物试验表明，虫草素制剂的调节血脂功能十分显著，其功效很可能超过他汀类、贝特类等主流调血脂药物。

此外，其降低血清总胆固醇以及减肥的功能也很明显，而且无毒副作用。

经过高血脂模型小鼠用药试验，虫草素10~20毫克/千克剂量与法国力博福尼制药公司生产的非诺贝特（力平之）25毫克/千克剂量组比较，它们降低血清甘油三酯的效果相当。因此，虫草素可能用于高脂血病人，如临床治疗脑卒中、冠心病、高血压、动脉粥样硬化、周围血管病、糖尿病、脂肪肝、眼底出血等。

（6）抗菌抗病毒作用　虫草素是一种核苷类抗生素，具有广谱抗菌作用，它对真菌、细菌和病毒等微生物的抑制作用已有大量报道。据报道，虫草素对45株枯草杆菌中的43株有抑制作用，能抑制链球菌、鼻疽杆菌、炭疽杆菌、猪出血性败血症杆菌及葡萄球菌等病原菌的生长。

有学者研究了虫草素对侵入型念珠菌的抗真菌活性。虫草素对石膏样小芽孢癣菌、羊毛状小芽孢癣菌、须疮癣菌等皮肤致病性真菌也有抑制作用。实验表明虫草素显示出很强的抗真菌活性，为抗真菌药物的发现提供了新的途径。

虫草素也具有较强的抗病毒活性。研究发现，虫草素有抗疱疹病毒和抑制脑炎病毒的功能，对艾滋病病毒侵染及其反转录酶的活力也有抑制作用。深入研究发现，虫草素可抑制C型核糖核酸致肿瘤病毒的复制，还可以有效抑制病毒的mRNA和多聚腺苷酸的合成。

（7）杀虫作用　研究报道虫草菌素对尖音库蚊、埃及伊蚊和另一种伊蚊的幼虫有明显致死作用；对小菜蛾也有很强的杀虫活性。

虫草素进入生物体内，很容易受到机体内腺苷脱氨酶的作用，脱去氨基变成3′-脱氧肌苷，使虫草素失去生理活性。这是虫草素实际应用中一个关键的制约因素，一些研究者曾采用各种方法来阻止或延缓虫草素在机体内的失效。

虫草素受腺苷脱氨酶作用而脱氨，以及采取各种方法来阻止脱氨，都是采用纯虫草素（98%以上）来研究的。中国科学院上海植物生理生态研究所的科研人员，发现蛹虫草在产生虫草素的同时，会产生对其进行保护的喷司他丁。但在提纯虫草素的过程中，喷司他丁却被排除掉了。

喷司他丁是一种腺苷脱氨酶抑制剂，它能有效抑制腺苷脱氨酶的活力，防止腺苷脱氨酶脱去虫草素分子上的氨基，保持虫草素的生理活性。喷司他丁本身也是一种抗癌药，最早于1974年在细菌中被鉴定，1991年获美国食品药品监督管理局批准，成为抗毛细胞白血病的商业药物。

毛细胞白血病是美国食品药品监督管理局指定的喷司他丁适应症。这是一种不常见的慢性淋巴组织增生症，多见于40~60岁的男性，曾用α-干扰素或脾切除术予以治疗，而喷司他丁对毛细胞白血病有良好疗效，其中完全有效率为60%，部分有效率为84%~90%，同时喷司他丁还成功应用于对α-干扰素非应答患者，补救率为74%~86%。

由于虫草素在提纯过程中会失去对其保护的喷司他丁，而且提纯过程代价高昂。因此，无论从保持虫草素功效还是降低药品费用方面，在医疗或保健时都不宜选用虫草素纯品，而应选用未经提纯的粗制虫草素，或虫草素含量较高的蛹虫草产品，选用顺序为：高虫草素蛹虫草制品＞粗制虫草素＞精制虫草素＞虫草素纯品。

至于科学研究，当然还是要用虫草素纯品，以保证研究结果准确无误。

2. 虫草多糖

虫草多糖是蛹虫草中重要的活性物质，是一种高度分枝的半乳甘露聚糖，它能增强及调节非特异性免疫，促进淋巴细胞的转化，增强机体的免疫功能，提高血清的抗体含量，增强机体自身抗癌抑癌的能力，同时具有抗衰老、抗氧化、抗凝血、降血糖、降血脂、改善肝功能等作用。

虫草多糖包括胞内多糖和胞外多糖，它易溶于水、难溶于有机溶剂，因此多采用水提法进行提取，提取液浓缩后加乙醇，多糖便沉淀出来。

（1）提高免疫功能作用　虫草多糖是一种非特异性免疫促进剂，北京大学研究人员分离纯化细胞外多糖并进行免疫活性试验，表明其可使正常小鼠腹腔巨噬细胞的吞噬率、吞噬指数明显增加，显示对小鼠腹腔巨噬细胞吞噬功能有促进作用，但对正常小鼠脾脏溶血斑形成细胞数并无明显影响。

另有研究结果表明，虫草多糖可以明显增强日本沼虾血细胞的吞噬活性。在研究β-1，3葡聚糖对甲壳动物血细胞的激活作用时，发现甲壳动物中的酚氧化酶原系统在细胞防御中起着类似调理素的作用，可促进血细胞的吞噬作用、包囊作用和结节形成；而虫草多糖可以通过特异性地激活酚氧化酶原系统，增强血细胞的吞噬功能，证明虫草制剂对体细胞的免疫功能具有明显的增强作用。

（2）抗肿瘤作用　虫草的水不溶性葡聚糖能强烈抑制试验动物肉瘤S-180生长，可作为抗肿瘤的药源。其抗肿瘤活性与相对分子质量有关，相对分子质量大于$1.6×10^4$时才具有抗肿瘤活性。另有报道表明虫草多糖能增加胸腺的质量，胸腺为机体的重要淋巴器官，其功能与免疫紧密相关，这一发现对于虫草多糖治疗肿瘤有着很高的学术应用价值。

（3）抗衰老作用　用从虫草深层发酵产物中提取的多糖进行果蝇抗衰老试验，结果表明，不同来源的虫草多糖对果蝇寿命均有不同程度的延长作用，有的效果还十分显著，并且延寿的效果随纯度的增大而提高。

（4）降血糖作用　以链脲佐菌素诱导的糖尿病小鼠为疾病模型，腹腔注射浓度均为300毫克/千克子实体多糖、菌丝体多糖和胞外多糖，连续注射12天。结果表明，只有胞外多糖有明显的降血糖活性。胞外多糖治疗能够缓解胰岛的炎症反应，并改善患病小鼠脾脏的炎症状态。虫草多糖对糖尿病小鼠免疫系统的调节作用是降血糖的主要原因。

国内外研究均发现虫草多糖对动物糖尿病有显著的降糖作用，降糖机制可清除体内自由基、降低血脂水平、升高胰岛素分泌水平来降低血糖，也可升高肝脏葡萄糖激酶活力、加速外周葡萄糖代谢来降糖，还可促进胰岛素抵抗脂肪的葡萄糖摄取降低血糖等。

（5）抗放射作用　虫草多糖能选择性地增加脾脏血流量，使脾脏明显增重，脾中浆细胞明显增多，对放射性损伤小鼠有明显的保护作用，使动物成活率增加，可对抗化疗药引起的骨髓抑制等不良反应。

（6）保护肾脏作用　虫草多糖对庆大霉素所致小鼠急性肾损伤具有显著的保护作用，可使尿蛋白、血清肌酐、尿素氮和肾指数显著下降。

（7）**其他作用**　虫草多糖还具有抗病毒、降血脂、抗动脉粥样硬化、保肝、耐缺氧、镇静等作用。

3. 腺苷

腺苷是一种杂环分子，相对分子质量为267.25，由嘌呤碱和核苷核酸组成。部分正常细胞在代谢中可生成小量腺苷，在组织缺血时可生成较多腺苷。

现代药理研究表明，腺苷作为虫草的主要活性成分，具有广泛的生理活性，主要包括调节冠状动脉血流量，舒张血管平滑肌，抑制心肌收缩力，抑制血小板凝聚，增加冠状动脉和脑血流量，降低脑耗氧量，改善冠状动脉和脑循环，减慢心率，防止心律失常，降低血压，预防治疗脑血栓、脑溢血，防止血栓形成等，对心血管系统和肌体的许多其他组织及系统均有生理作用，还具有抗菌抗病毒、消除面斑、抗衰防皱的功效。

腺苷含量是虫草产品主要质量指标，有时甚至被作为唯一指标。我国卫生部在2009年将蛹虫草批准为新资源食品（2014年更名为"新食品"原料），在质量要求一栏，明确规定腺苷含量不得低于0.055%。一些虫草深加工产品，多将腺苷列为检测项目。

4. 虫草酸

虫草酸是蛹虫草主要活性成分之一，化学分子式$C_6H_{14}O_6$，相对分子质量182，为1,3,4,5-四羟基环己酸，即D-甘露醇。虫草酸能抑制各种病菌的成长，可预防与治疗脑血栓、脑出血、心肌梗死、长期衰竭等，虫草酸含量的高低是衡量虫草质量的主要指标之一。

虫草酸能提高血浆渗透压，清除自由基，明显拮抗血浆组织中产生过氧化脂质，增加细胞能荷值，从而起到降低血压、扩张心脑血管、调节血液黏稠度、抑制脂类物质堆积在血管壁上的作用，并且对心肌有保护作用。

虫草酸有利尿脱水功能，已被临床应用在渗透性利尿药物中，还被用于治疗脑水肿及青光眼，是降低颅内压力最安全有效的药物成分。

虫草酸还在治疗呼吸系统疾病方面有很多应用，比如用虫草酸治疗慢性气管炎，表现出明显的镇咳、平喘、祛痰功效。

四　主要产品

1. 初级产品

蛹虫草初级产品，有以活蚕为寄主培育的蚕虫草，以活蛹为寄主培育的蛹虫草，以大米或小麦为原材料培养的虫草花等，虫草花在有的地方仍称为北虫草。以上所用名称，除蛹虫草外尚未规范。

蚕虫草培育难度较大。活蚕的免疫能力较强，对侵染的真菌有较强抵抗力，接种成功率不是很高；而接种成功后，蚕的免疫力迅速下降，如果虫草菌尚未在蚕体内形成优势，则很易被细菌污染，如感染蚕细菌性败血病等。经过不断努力，现在这些技术问题都已解决。但另一问题是活蚕供应有季节性，不能常年生产，因此蚕虫草的产量很少，价格较高。

以活蛹为寄主的蛹虫草，相对蚕虫草技术要容易些，可以形成一定批量，价格也较蚕虫草低，是蛹虫草用作生药的主要形式，但也存在季节性供蛹问题。有企业营造人工环境常年养蚕，取蛹培养蛹虫草，但人工环境的设备投资和运行成本均较高。

能形成规模生产的是虫草花，我国北方和南方都有较大的生产能力，现在一般超市都可以买到，干品和鲜品都有。虫草花的活性成分含量虽不及蛹虫草和蚕虫草，但价格较低，是消费者购买食用的主要种类。

另有通过深层发酵得到的蛹虫草菌粉，通常用作深加工原料，很少直接销售给消费者。

2. 深加工产品

蛹虫草深加工原料主要是虫草花、发酵菌粉和发酵液，产品形式有胶囊、片剂、冲剂、滴丸和口服液等，也有少量饼干、酵素和益生菌。这些产品大多只强调功效，很少标出活性成分含量，这是我国中医药制剂和保健食品的一个通病。作为中医药发源地的中国，绝大多数中医药活性成分不明确，或者虽然明确了活性成分，但含量不高，以致很难在国际中医药市场占据主导地位，反而是日本和韩国成了国际中医药市场的主角。

这个问题已受到我国科研人员的重视，对中医药活性成分的研究正在深入进行，这方面的典型代表为青蒿素和虫草素。

虫草素是虫草类药用真菌独特的活性成分，其良好的医疗保健功效已经得到科技界、医药界和消费者的公认。努力提高产品中虫草素的含量，增强产品的医疗保健功效，是我国科技人员、生产企业和消费者都需要重视的问题。

市场上蛹虫草产品虽多，但大多只标腺苷含量，有的会标虫草多糖或虫草酸含量，只有少数产品标注虫草素含量。而标出虫草素含量的产品，含量大多不高。有个别含量高的，价格又很高。如果产品的虫草素含量既高，售价又很合理，将会是理想的、受消费者欢迎的产品。

第六部分

神坛上的
冬虫夏草

6

提要

1. 冬虫夏草资源稀缺、售价高昂，其天价已背离实际价值和用途。

2. 冬虫夏草自古即为著名药材，具有免疫调节、保护肾脏、抗肿瘤、降血糖、抗氧化与抗衰老等显著功效。

3. 冬虫夏草含有虫草多糖、虫草酸、核苷类化合物和麦角固醇等活性成分，但不产生虫草素。

4. 冬虫夏草主要以生药形式销售，购买时要注意无良商家掺杂使假。深加工产品多以发酵菌丝为原料，功效不比生药差。

一 稀缺和天价

冬虫夏草和蛹虫草同属，但不同种，二者亲缘关系很近，但它们在自然界的情况却大相径庭。

冬虫夏草又称冬虫草或中华虫草，是冬虫夏草菌寄生于虫草蝙蝠蛾幼虫而形成的虫菌复合体，主要产于我国西藏、青海、四川、云南、贵州、甘肃等省区，邻国尼泊尔和不丹也有少量出产。

冬虫夏草菌和虫草蝙蝠蛾都生长在青藏高原，多产在海拔3500~5000米雪线上下的高地草甸，环境特点是海拔高、气温低、空气稀薄、紫外线强。这种严酷的自然条件，驯化出冬虫夏草菌和虫草蝙蝠蛾特殊的生活习性，以致很难在其他地区进行人工培养。

冬虫夏草不但生长环境特殊，寄生性也很特别。冬虫夏草菌只寄生鳞翅目蝙蝠蛾科蝙蝠蛾属少数昆虫的幼虫，很难在其他昆虫上寄生，不像蛹虫草的寄主范围较广。这种生境特殊和寄主单一的特点，加上一个代次要经历3~5年，因此每年产量很少，而人工培养又非常困难，只能依赖产地采挖，致使冬虫夏草的产量越来越少。

物以稀为贵。这些年冬虫夏草价格不断上涨，加上人为炒作，市场售价一路飙升。价格升高加剧了产地的滥采滥挖，破坏了生物链条，损毁了草甸植被，造成环境恶化、资源枯竭，进一步减少了冬虫夏草的产出，也进一步推高了冬虫夏草的价格。这是一种典型的恶性循环。三十年来，冬虫夏草市价升高上万倍，1克冬虫夏草的价格已经达到甚至超过1克黄金，成了一种名副其实的"软黄金"。

这种天价，背离了冬虫夏草应有的药用价值，使其变成投资、投机、行贿和腐败的工具，距离普通百姓越来越远。但冬虫夏草确实具有优良的医疗保健功效，这是不容置疑的。

二　功效不凡

1. 传说故事

冬虫夏草有不少传说故事，现选出几则以飨读者。

（1）公元690年，武则天已到晚年，体弱多病，咳嗽不止，稍感风寒便使病情加重，尤其到冬季，轻易不敢走出寝宫。太医什么贵重药品都用过，但疗效甚微。

御膳房康师傅记得家乡老人用冬虫夏草炖鸡滋补身体，想给武则天做一道试试。鸡是"发物"，可能引起老病复发，于是康师傅用鸭子取代，炖好后端给武则天品尝。不料武则天看见汤里有似虫非虫的黑乎乎的东西，认为康师傅要害她，欲以谋杀罪处之，但念其以往并无过失，便将其打入大牢，没有当即问斩。

御膳房李师傅非常同情康师傅遭遇，他想只有用冬虫夏草治好武则天的病，才能还康师傅清白。他琢磨着怎样用冬虫夏草炖鸭子，才能使武则天看不见那黑乎乎的东西？他想出一个办法，将20根冬虫夏草从鸭嘴塞进鸭肚里，再放进锅里炖。武则天吃了以后，觉得鸭汤味道鲜美，此后每天喝两盅这样炖的鸭汤。一个多月后，武则天气色好转，不再咳嗽。有一天心情愉悦，请监察御史吃饭。李师傅端上冬虫夏草炖鸭汤，武则天说："我身体恢复得好，得益于这道汤。"监察御史尝了一勺，果然味道极佳。席间，武则天问监察御史如何处理康师傅谋杀案，这时李师傅斗胆说："康师傅鸭汤里黑乎乎的东西是冬虫夏草，康师傅是为了给武皇补身子……"

李师傅把制作冬虫夏草炖鸭汤的全过程向武则天和监察御史做了讲述，之后从鸭肚子里取出黑乎乎的冬虫夏草。武则天马上吩咐把康师傅放出来，专门为她做冬虫夏草全鸭汤。从此，冬虫夏草全鸭汤身价百倍，成了御膳房的一道名菜，后来传到民间，1000多年来盛行不衰。

（2）《文房肆考》记载了一个故事：桐乡乌镇有位孔裕堂先生，他弟弟体质怯弱，总出虚汗，因特别怕风，即使炎热夏季，也只能待在室内，还要关门闭窗，从不外出见客，一病三年。这期间求医无数，服药无数，但病情依旧，毫无起色。有位亲戚从四川经商归来，看到患者体质虚弱，便将从四川带回的3斤（1.5千克）冬虫夏草赠送给他们。出人意料的是，原本体弱多病的患者，在每日食用冬虫夏草烹煮的菜肴后，竟然渐渐痊愈了。

（3）在我国青藏高原，有一个关于冬虫夏草的美丽传说。山神唐西拉为帮助善良的王子躲避杀身之祸，施法将他变成一只虫子，藏入草丛之中，为便于寻找，还让他长出一根草尾巴。后来，王子躲过劫难，却看破红尘，不愿重返人世，宁愿用自己的身体造福人类。山神为帮助王子实现这个愿望，就向王子已经变成虫子的身体里注入一种长生不老的神奇力量。这个美丽传说为冬虫夏草增添了神秘色彩。

2. 典籍记述

中医药界一直流传着"中药三大宝，人参、鹿茸、冬虫草"的说法。冬虫夏草的应用历史，可以追溯到3000年前。有明确医书记载的药用历史，也有1300多年。对冬虫夏草有记载的医药古籍主要有：《月王药诊》（亦译《医法月王论》）《藏本草》《图鉴》《吾三卷香》《金汁甘露宝瓶札记》《寿世保元》《本草备要》《本草二经》《黔囊》《本草问答》《本草从新》《药性考》《本草纲目拾遗》《本草再新》《柑园小识》《四川通志》《本草图说》《纲目拾遗》《文房肆考》《本草正义》《重庆堂随笔》等。

《月王药诊》是公元710年唐中宗时期，金城公主嫁到西藏带去的书籍，被译成藏文，是现存最早的藏医学著作，书上提到冬虫夏草有治疗肺部疾病的作用。

公元780年《藏本草》提到冬虫夏草"润肺、补肾"的功效。在《图鉴》中，冬虫夏草"清肺热，治肺病、培根病。"《吾三卷香》记载："冬虫夏草可治胃痛，筋骨疼痛。"《金汁甘露宝瓶札记》记载："冬虫夏草味甘，性温。滋补肾阴，润肺，治肺病、培根病。"清代药学名著《药性考》（原名《太医院手记》）记载："冬虫夏草味甘、性温，秘精益气，专补命门。"《本草纲目拾遗》记载："冬虫夏草……能治诸虚百损，以得阴阳之气全……功与人参、鹿茸同，但药性温和，老少病虚者皆宜食用"。《黔囊》对冬虫夏草形成过程与产地是这样描述的："夏草冬虫产于乌蒙山地区，西北塞外，夏天钻出地面变成草，冬天眠于土里化为虫。"《四川通志》记载"冬虫夏草产于里塘（土司名，今四川理化县）拨浪江山，性温暖，有补精益髓功能。"

上述古籍对冬虫夏草功效的记载，主要提到冬虫夏草药性平和、补肺、强肾、益精气，理诸虚百损，是一种适用人群很广的补品。如今经过科学研究，冬虫夏草的功效已得到科学证明，《中华人民共和国药典》历部版本均收录冬虫夏草为法定中药。

1726年，欧洲传教士尚加特利茨库把从中国西北采到的冬虫夏草带到法国。在法国科学院学术大会上，冬虫夏草开始被西方了解，欧美、日本、东南亚国家也开始对它进行研究。现在已经有数个西药新药来源于冬虫夏草，比如诺华制药生产的、世界上第一个口服治疗多发性硬化症的药物"芬戈莫德"，就来源于冬虫夏草的成分——多球壳菌素。

3. 免疫调节作用

冬虫夏草既可调节非特异性免疫，又可调节特异性免疫，多糖是其发挥免疫调节功能的主要成分。冬虫夏草可增强正常或免疫力低下动物的免疫功能，并在免疫增强状态下发挥免疫抑制作用，显示出对免疫功能的双向调节作用。

通过体内外实验发现，冬虫夏草能够提高小鼠的胸腺指数和脾脏指数，抑制外周白细胞的吞噬功能、脾淋巴细胞的增殖及巨噬细胞的生成，进而发挥免疫抑制、产生抗排异作用。研究发现，人工虫草多糖可明显增加小鼠碳粒廓清指数及吞噬指数，增强巨噬细胞吞噬能力，促进小鼠产生非特异性免疫；虫草胞内多糖可改善二硝基氟苯诱发的小鼠迟发型变态反应，具有细胞免疫调节作用，还可提高小鼠溶血素水平，具有增强体液免疫的作用。

采用碳粒廓清法、二硝基氟苯诱导小鼠迟发型变态反应试验法及小鼠巨噬细胞吞噬鸡红细胞等实验，研究冬虫夏草多糖提取物对小鼠免疫功能的影响，发现冬虫夏草确实具有调节免疫的效果。其中冬虫夏草多糖低剂量可增强细胞免疫，而高剂量表现为免疫抑制，显示出冬虫夏草多糖对小鼠特异性免疫的双向调节作用呈剂量依赖性。

研究结果表明,虫草多糖通过促进小鼠脾脏和胸腺细胞中肿瘤坏死因子-α、干扰素-γ、白细胞介素-2等细胞因子表达和蛋白水平提升而调节机体免疫功能。

4.保护肾脏作用

(1)护肾 通过建立大鼠缺血再灌注模型,检测了血尿素氮、血肌酐、尿中N-β-D-氨基葡萄糖苷酶、尿中性粒细胞明胶酶相关脂质运载蛋白、肾组织缺氧诱导因子-1α等指标,发现缺血再灌注组大鼠的上述指标水平均显著高于假手术组,且出现肾小管损伤;而冬虫夏草则可显著改善缺血再灌注组大鼠的肾小管损伤情况,降低上述指标的水平,提示冬虫夏草主要通过调节肾组织中缺氧诱导因子-1α和尿中性粒细胞明胶酶相关脂质运载蛋白表达来发挥肾脏保护作用。

另有研究报道,冬虫夏草对氨基糖苷类诱发的急性肾损伤具有保护作用,其机制可能与减轻肾小管细胞溶酶体毒性损伤,保护细胞膜Na^+-K^+-ATP酶和减少细胞脂质过氧化反应有关;对肾大部分切除大鼠的肾脏保护作用机制,则依赖于冬虫夏草对氧化应激的抑制以及对线粒体的保护作用。

新近的研究报道显示,冬虫夏草菌丝体可促进抗凋亡基因表达,缓解顺铂诱导的小鼠肾小管上皮细胞凋亡;同时减轻炎症,改善顺铂诱导的肾小管上皮细胞损伤情况。

(2)减轻肾纤维化 通过构建5/6肾切除大鼠慢性肾脏病模型,采用血浆和尿液测定、组织病理学检查、免疫组化染色分析、实时定量PCR等实验方法,发现冬虫夏草治疗组转化生长因子-β1及α-平滑肌肌动蛋白的表达显著下降,肾小管上皮表型标记物表达明显增加，提示冬虫夏草可抑制上皮间质转化，从而减轻肾小管间质纤维化。

通过建立小鼠单侧输尿管结扎肾间质纤维化模型，以观察虫草素对小鼠肾间质纤维化的影响，实验结果表明虫草素可抑制胶原I、胶原IV、纤维连接蛋白表达，促进肾小管上皮细胞真核翻译起始因子2α磷酸化，减轻肾间质纤维化。

（3）在肾移植中的作用　临床观察了182例肾移植患者在长期治疗过程中加用冬虫夏草的效果，发现服用冬虫夏草后体内血尿素氮、血肌酐明显降低，尿酸、24小时尿蛋白排泄量显著下降，谷丙转氨酶、天门冬氨酸转氨酶、总胆红素及直接胆红素也显著下降。

冬虫夏草可促进机体蛋白合成，纠正代谢紊乱，减少环孢素A的使用剂量及肾毒性，提高肾移植患者的存活率和生活质量。临床观察了冬虫夏草对231例慢性肾移植肾病患者肾功能的疗效，发现冬虫夏草治疗后血肌酐及血肌酐清除率明显改善；24小时尿蛋白排泄量及$\beta2$微球蛋白减少，其机制可能是促进肾小管细胞增殖与修复，从而延缓慢性肾移植肾病发展，进而改善慢性肾移植肾病患者的肾功能。

5. 抗肿瘤作用

（1）抗肝癌　通过小鼠右侧腋部皮下注射H22瘤细胞建立肝癌小鼠模型，以冬虫夏草腹腔注射治疗，每天1次，连续7天，观察其对肿瘤抑制率及自然杀伤细胞、T淋巴细胞转化率的影响。结果表明，冬虫夏草组的平均瘤重小于模型组，其中高剂量组的抑瘤率可达44.06%；冬虫夏草可提高H22肝瘤小鼠T细胞增殖能力，增强自然杀伤细胞活性。

研究显示冬虫夏草水提物能显著降低丙氨酸转氨酶水平和明显提高小鼠的存活率，其机制可能为：下调黑色素瘤细胞基质金属蛋白酶表达，抑制肝细胞生长因子对肿瘤侵袭的促进作用，降低黑色素瘤细胞的浸染和转移能力，从而达到抗肝癌作用。

（2）抗肺癌　早在1987年，采用抑瘤试验和抗转移试验法对冬虫夏草及人工虫草菌丝抗小鼠肺癌进行研究，发现冬虫夏草水提物及人工虫草菌丝组的抑瘤率和抗转移率显著高于对照组，表明冬虫夏草及人工虫草菌丝对小鼠皮下移植肺癌的原发灶生长和自发肺部转移均具有明显的抑制作用。

研究不同浓度虫草素对不同时期的肺肿瘤细胞生长增殖的影响及其可能机制，发现细胞周期蛋白、B淋巴细胞瘤-2、钙蛋白酶-3、上皮钙黏附蛋白、基质金属蛋白酶-9及胱天蛋白酶-3的表达水平与虫草素作用时间和浓度密切相关。结果表明，虫草素可通过抑制上皮钙黏附蛋白、基质金属蛋白酶-9及细胞周期蛋白表达，上调B淋巴细胞瘤-2基因家族中的促凋亡蛋白与胱天蛋白酶-3表达，抑制细胞增殖、迁移并诱导细胞凋亡。

（3）对睾丸间质瘤的作用　有学者探索了虫草素引起睾丸间质瘤细胞MA-10类固醇生成和凋亡的分子机制，虫草素、顺铂和/或紫杉醇的联合使用比单独使用任何一个药物均表现出更强的抑制睾丸间质瘤效果。该联合用药以剂量依赖的方式降低MA-10细胞活性；并可激活多聚二磷酸腺苷核糖聚合酶、胞外信号控制激酶1/2和氨基末端激酶，选择性地诱导MA-10小鼠睾丸间质肿瘤细胞凋亡。

此外，冬虫夏草对胃癌、宫颈癌、鼻咽癌及前列腺癌等肿瘤细胞迁移和增殖均有抑制作用。综合试验研究和临床研究的结果，冬虫夏草抗肿瘤机制主要为通过抑制核酸、蛋白质合成或葡萄糖跨膜转运直接抑制肿瘤细胞生长，同时可促进免疫细胞增殖、增强机体免疫功能，达到抗肿瘤效应。

6. 降血糖作用

冬虫夏草降血糖机制主要与改善糖代谢过程有关，只有血糖值比正常水平高时才有效，对正常血糖无明显影响，不会引发低血糖，在糖尿病的预防中安全有效，有其独特的优势。

研究发现，虫草多糖对糖尿病小鼠有明显的降血糖作用。通过给予小鼠高脂饮食建立小鼠糖尿病模型，观察冬虫夏草提取物对糖尿病小鼠的治疗作用。发现冬虫夏草提取物可使糖尿病模型小鼠高密度脂蛋白与低密度脂蛋白比值显著提高，体重减轻，并可促进胰腺β细胞抵抗链脲佐菌素（糖尿病模型诱导因子）的毒性。

另有研究发现，虫草素可促进四氧嘧啶诱导的糖尿病小鼠葡萄糖在肝脏的代谢，从而使血糖降低，改善糖尿病症状；冬虫夏草还可提高血清胰岛素水平和抗氧化能力，降低总胆固醇、甘油三酯水平，减少胰岛素抵抗。

7. 抗氧化与抗衰老作用

冬虫夏草是一种天然的抗氧化剂，可提高超氧化物歧化酶、谷胱甘肽、过氧化物酶、过氧化氢酶含量，降低丙二醛水平，产生抗氧化作用。活性氧诱导的氧化应激是氧化的主要原因，冬虫夏草提取物具有清除羟自由基、超氧阴离子自由基、脂质过氧自由基及过氧化氢的能力，从而产生抗氧化作用。

过度氧化是导致衰老的原因之一，冬虫夏草可改善记忆力，抑制机体过氧化而延缓衰老。研究表明，冬虫夏草口服液通过上调过氧化氢和超氧化物歧化酶活力，抑制脂褐质沉积以延长果蝇寿命。

8. 其他药理作用

对呼吸系统，冬虫夏草可抑制慢性阻塞性肺病、气道炎症反应、调节气道辅助性T细胞之间的比例，改善肺功能；对生殖系统，冬虫夏草具有性激素样作用，可防止卵巢切除骨质疏松大鼠雌激素缺乏；对心血管系统，冬虫夏草具有降血压、负性频率、抗心律失常、清除自由基、抗血小板聚集等作用；此外，冬虫夏草还具有抗炎、抗菌、抗病毒、抗疲劳、抗焦虑、降脂等作用。

三 活性成分

1. 虫草多糖

虫草多糖是冬虫夏草的主要活性成分，冬虫夏草中的粗多糖含量为12%~30%，不同产地、不同学者或不同测定方法测出的数据不同，但均高于同样测定的蛹虫草。

大量药理试验表明，虫草多糖具有多种作用，如抗肿瘤，降血糖，增强单核巨噬细胞吞噬能力，提高小鼠血清中免疫球蛋白含量，对体外淋巴细胞转化有促进作用，抗肝纤维化以及抗辐射等。

冬虫夏草多糖的抗肿瘤活性与相对分子质量有关，相对分子质量大于1.6×10^4时才具有抗肿瘤活性。多糖活性除了与相对分子质量有关外，还与多糖的溶解度、黏度、初级结构和高级结构有关。

2. 核苷类化合物

核苷类物质（腺苷、尿苷、鸟苷、尿嘧啶、腺嘌呤等）为冬虫夏草有效成分之一。水溶性核苷类成分主要集中在子座部分，虫体含量甚低，从子座的水浸液还分离得到微量的次黄嘌呤、鸟嘌呤等核苷。

冬虫夏草的核苷类物质中，以腺苷的药理作用显著。腺苷可改善心脑血液循环、防止心律失常、抑制神经递质释放和调节腺苷酸环化酶的活力等，故多以腺苷含量判定冬虫夏草产品的品质。

虫草素（3′-脱氧腺苷）是虫草的特有成分，具有抗肿瘤等很多医疗保健功效，蛹虫草一部分已作详细介绍。冬虫夏草中的虫草素含量很少，已有研究证明冬虫夏草不具有产生虫草素及其保护分子喷司他丁的基因簇，冬虫夏草中测到的微量虫草素可能是构巢曲霉等其他杂菌污染留下的。但这并不是说冬虫夏草就不具有抗肿瘤等医疗保健功效，因为药用真菌中的活性成分有多种，腺苷、虫草多糖、虫草酸等也具有抗肿瘤作用，而且各种活性成分往往协同作用。冬虫夏草的抗肿瘤功效，本部分第二节已作肯定。

3. 虫草酸

虫草酸就是D-甘露醇，是其重要的活性成分之一，冬虫夏草中的含量高于蛹虫草。药理研究表明，虫草酸能降低血液中胆固醇和甘油三酯的含量，预防血栓形成，也对各种类型的肺部疾病和支气管哮喘有很好的疗效，尤其对中老年和吸烟引起的慢性支气管炎以及哮喘等效果显著。

4. 麦角固醇

麦角固醇是脂溶性维生素 D_2 的前体，其次生代谢产物可产生麦角固醇氧化物。20世纪80年代初，我国学者从冬虫夏草、凉山虫草、亚香棒虫草中分离出麦角固醇、麦角固醇过氧化物、麦角固醇–β–D–吡喃葡萄糖苷、2，2–二羟基麦角固醇、β–谷固醇等。冬虫夏草中麦角固醇的含量在0.013%~0.091%。

麦角固醇具有抗癌、防衰、减毒等功能，它是虫草中最主要的一种固醇，可以从一个方面提示冬虫夏草的品质水平。

5. 微量元素

虫草中含有丰富的微量元素，已检出30多种元素，人体必需元素含量高。冬虫夏草中磷和镁的含量最高，较高是铝、铁、钙、钠、锌，其次为钾、硅、锰、锶、钡、铜、锆等。有人推测冬虫夏草的抗癌作用与含磷、钴、铁、铜有关。

近年曝出冬虫夏草中砷含量超标，引起广泛关注。砷是一种有害元素，超标对人体不利。由于冬虫夏草是在自然条件下生长，会吸收和富集土壤、水分与空气中的微量元素，导致某些有害元素超标。其实砷分为有机砷和无机砷，仅无机砷才有毒性。冬虫夏草中的砷以有机砷为主，无机砷只占总砷的不到0.5%，要每天服用1000多根冬虫夏草，才可能超过国际法典委每日总砷最高允许摄入量的安全标准。消费者的服用量远达不到这么多，所以冬虫夏草中的砷对人体影响可忽略不计。

四 主要产品

目前冬虫夏草的市场销售还是以生药为主，毕竟售价较高，生药清晰可见，只要色泽和形态好，等级适宜，消费者购买比较放心。生药冬虫夏草基本是按大小分级，单棵越大，等级越高，价格也越高。由于售价很高，包装档次也很高。受暴利驱使，无良商家采用不法手段掺杂使假，花样百出，消费者须倍加小心。

冬虫夏草的深加工产品，主要是粉剂（微粉、细粉、颗粒）、片剂（纯粉片、含片、泡腾片），以及胶囊剂、丸剂、膏剂、口服液、保健茶和药酒等。上述产品有以生药为原料的，所用原料多是断草、碎草或统货，商家一般不会用优等虫草来加工。更多的则是用人工发酵菌丝体作为加工原料，包括一些已获得药品注册的知名产品，都是用从冬虫夏草中分离的菌株，通过深层发酵来获得原料的。人工发酵的原料功效不比生药差，而且可批量生产，价格又低廉，还能避免自然界有害元素的富集，是取代冬虫夏草生药的好途径，消费者不必迷信天价的冬虫夏草生药。

第七部分

明目护肾的
蝉花

7

提要

1. 蝉花是蝉若虫被蝉草菌侵染后形成的虫菌复合体，许多古代典籍都记述了蝉花。

2. 现代研究证明蝉花具有免疫调节、抗肿瘤、改善肾功能、降血糖、明目、镇静催眠、滋补强壮等显著功效。

3. 蝉花活性成分主要有多糖、虫草酸、核苷类、麦角固醇类，以及多球壳菌素等。

4. 人工蝉花优于野生蝉花；加工产品主要为各种粉剂，应以标明活性成分及其含量者为佳。

一　低调的奇药

　　蝉花是我国传统的名贵中药材，各地又名金蝉花、蝉蜕花、知了花、蝉蛹草、蝉茸、蝉菌、土蝉花、土虫草等，与冬虫夏草和蛹虫草同属于子囊菌门核菌纲肉座菌目麦角菌科虫草属，主要分布在我国江苏、浙江、安徽、四川、云南、福建、广东等地，虽然分布较广，但产出不多。

　　蝉俗称知了，其卵或孵化出的幼虫掉落地上，钻入土中，吸食树根汁液，经历二三年甚至十多年，长大的幼虫变成若虫（还未发育完全的成虫），其中一部分被蝉草菌（蝉拟青霉）寄生而形成虫菌复合体，从头部长出形似花蕾或花冠的子座，故名蝉花。未被蝉草菌感染的蝉若虫钻出地面，爬到树上成为"知了猴"，蜕壳变成知了。生长在我国中东部的蝉花多为大蝉草，广东、福建等南方地区的多为小蝉草。

　　我国对蝉花的认识和利用源远流长。早在南北朝雷斅的《雷公炮炙论》中就有关于蝉花炮制方法的记载："蝉花，凡使要白花全者。收得后于屋下东南角悬干，去甲土后，用浆水煮一日至夜，焙干碾细用之"。宋朝苏颂《图经本草》中对蝉花有这样的描述："山蜀中，其蝉头上有一角，如花冠状，谓之蝉花……入药最奇"。宋姚宽《西溪丛语》云："成都有草名蝉花。今有干者，视之，乃蝉额裂面抽茎，上有花。善治目，未知如何用也"。北宋唐慎微所著《经史证类备急本草》（简称《证类本草》）中对蝉花这样描写："蝉在壳中不出而化为花，自顶中出也""蝉花所在有之，生苦竹林者良。花出头上，七月采"，并阐述了蝉花的性味、功用："蝉花味甘寒，无毒，主治小儿天吊，惊痫瘛疭，夜啼心悸"。明代李时珍《本草纲目》中引宋祁《方物赞》道："蝉之不蜕者，至秋则花。其头长1~2寸，黄碧色"。对蝉花的功用李时珍基本认同于《证类本草》，还认为其有止疟作用，功同蝉蜕。对蝉花名称、别名、品种、采收加工、疗效方剂等，均有若干典籍予以记载。

在新中国成立后所编纂的众多本草或药典中，对蝉花的药用多有提及，但基本停留在疏散风热、安神解痉的阶段，并无多大发展。直到20世纪80年代，随着冬虫夏草的热炒，导致其价格飙升及资源枯竭后，人们才把目光转向与其同属的蝉花。随着对蝉花研究的深入，人们有了更多惊喜的发现。

二 药理功效

1. 免疫调节作用

蝉花的培养滤液中含有抗生素成分。由于临床发现环孢菌素A对肾的副作用较大，而蝉花的抗生素成分对肾的副作用较小，具有显著的免疫抑制作用，因此蝉花的抗生素成分有望成为环孢菌素A的替代品。将小鼠分组给药后，采血测定小鼠的血清溶血素、腹腔巨噬细胞吞噬率和吞噬指数，发现蝉花可显著提高血清溶血素水平和巨噬细胞的吞噬活性，表明蝉花具有明显促进正常小鼠体液免疫功能和提高巨噬细胞吞噬能力的作用。

蝉拟青霉就是寄生蝉若虫的蝉花菌，能激活大鼠肺泡巨噬细胞，具有增强大鼠免疫能力、改善脂类物质代谢和保护脏器组织的作用。研究发现，蝉拟青霉使正常大鼠脾重显著增加，抑制了环磷酰胺所致的大鼠免疫器官（脾脏、胸腺）萎缩，使正常大鼠肾组织中酸性磷酸酶活力、胸腺组织内乳酸脱氢酶活力明显升高。电镜观察发现，蝉拟青霉使正常大鼠脾巨噬细胞体积增大，胞质内溶酶体增多，细胞表面突起明显，表明蝉拟青霉能拮抗环磷酰胺的免疫抑制作用。

蝉拟青霉多糖是一种良好的自由基清除剂或自由基反应抑制剂。它可通过促进脾脏、胸腺这两个主要免疫器官自由基代谢来增强机体的免疫功能。观察蝉拟青霉多糖对老龄大鼠肝、肾、脾、胸腺等组织器官免疫功能的影响，发现老龄大鼠酸性磷酸酶、胸腺组织内乳酸脱氢酶（肝、肾、脾）、精氨酸酶（肝、肾、胸腺）活力和还原型谷胱甘肽（肝、肾）水平显著上升，同时脂质过氧化物（肝、肾）含量下降，老龄大鼠脾脏细胞胞质粗面内质网和溶酶体数量明显增多，说明蝉拟青霉多糖具有上调老龄大鼠组织器官免疫功能和激活大鼠巨噬细胞活性的作用。

研究还发现蝉拟青霉多糖能使大鼠体重、胸腺湿重指数、外周血白细胞数、血红蛋白含量、总蛋白和球蛋白水平等显著提高，并能阻遏由环磷酰胺所致的抑制作用，进一步表明蝉拟青霉多糖能改善并调节大鼠营养状况和造血功能，增强机体的免疫功能。蝉拟青霉多糖能提高老龄大鼠腹腔、肺泡巨噬细胞的吞噬功能和脾细胞的免疫功能及增殖反应能力，使老龄大鼠低下的免疫功能得以改善。

2. 抗肿瘤作用

试验证明，从蝉花中分离出的半乳甘露糖对小鼠肉瘤的抑制率为47%。研究发现，蝉花粗提物能抑制肺肿瘤细胞株的细胞生长，随着粗提物浓度升高，肺肿瘤细胞株的细胞活性受到显著抑制。用水提取蝉拟青霉总多糖，测定不同浓度总多糖对人外周血单个核细胞及白血病细胞株增殖的影响，结果证明一定浓度的蝉拟青霉多糖能使人外周血单个核细胞的增殖率升高，较高浓度多糖能抑制白血病细胞株的增殖。

3. 改善肾功能作用

（1）防治肾小管间质纤维化　有学者在临床应用中发现，部分伴有肾小管功能不全的慢性肾衰患者经蝉花治疗后肾小管功能得到明显改善。蝉花作为冬虫夏草代用品治疗慢性肾功能衰竭，具有降低血、尿肌酐，提高内生肌酐清除率，改善血清蛋白含量，减少尿蛋白排出等功效，对早、中期慢性肾功能不全患者疗效确切。进一步研究证实：蝉花对肾间质小管病变有较好疗效，能保护肾小管细胞钠钾腺苷三磷酸酶，减轻细胞溶酶体和细胞脂质过氧化损伤，改善肾血流动力学，减轻内皮细胞的损伤和血液凝固性。以单侧输尿管结扎大鼠为研究对象，发现蝉花菌丝能抑制肾小管间质纤维mRNA的高表达，对肾小管间质纤维化有明显的防治作用。

（2）延缓肾小球硬化　观察和评价蝉花菌丝对实验大鼠慢性肾衰竭的治疗效果，发现蝉花菌丝能减轻肾小球的损害，改善动物的肾功能和肾衰竭并发症，延缓肾小球硬化进程。在研究人工培育蝉花菌丝对人系膜细胞增殖及细胞外基质合成的影响中发现，人工蝉花菌丝具有显著抑制肾小球系膜细胞增殖的作用，试验结果证明了人工蝉花菌丝的抗肾小球硬化作用。试验研究还发现固体培养蝉花菌丝能明显减轻大鼠肾小球硬化程度，延缓大鼠肾小球硬化进程和慢性肾衰竭进展速度。

（3）对残肾功能的保护作用　在蝉花菌丝抗肾功能衰竭药效学研究中发现，不同剂量的蝉花菌丝体及蝉花均能明显降低肾衰竭大鼠血尿素氮和肌酐水平，表示蝉花能明显延缓慢性肾功能衰竭大鼠的病情进展，对慢性肾衰竭具有治疗作用。研究发现人工液体培养蝉花菌丝能降低5/6肾切除大鼠的血肌酐、尿素氮上升水平，升高血清白蛋白，减少24小时尿蛋白定量，改善肾功能，还可抑制残肾组织内的系膜细胞增生和基质增多，表明液体培养蝉花菌丝能改善慢性肾衰竭大鼠的肾功能。

4. 降血糖和造血作用

利用腹腔注射四氧嘧啶形成糖尿病小鼠模型，观察蝉花对正常小鼠和糖尿病小鼠血糖的影响，发现蝉花对正常小鼠和糖尿病小鼠均有显著的降低血糖作用。采用尾尖端放血和腹腔注射盐酸苯肼的方法，形成小鼠失血性贫血和盐酸苯肼贫血的模型，分组给药后采血测定，观察蝉花对造血作用影响，结果发现蝉花能明显对抗失血性贫血和盐酸苯肼诱发的贫血，高剂量时的作用同阿胶相似。

5. 明目作用

民间常将蝉花作为补肝、明目、安神食品，中医学认为"肝藏血""目得血则能视"，血与肝、目的生理和病理有着密切关系。蝉花作为中医明目退翳药，主治目赤肿痛、流泪、障翳等。后天性眼病多与外伤、感染有关，病原菌是眼病主要致病因素之一，蝉花的退翳明目作用，很可能与产生抗生素或是特殊的活性成分有关。

6. 镇静催眠作用

蝉花组小鼠给药1小时后测定10分钟内自主活动次数，发现显著少于未给药对照组；蝉花还能明显延长小鼠睡眠时间，缩短戊巴比妥钠的翻正反射消失时间；蝉花还能增加小鼠在单位时间内的入睡率，由此证明蝉花有较好的镇静催眠作用。研究还表明人工蝉花培养物与天然蝉花的镇静催眠作用相近。

7. 滋补强壮作用

研究表明蝉花与多种虫草的氨基酸种类相似、含量相近，学者们公认多种氨基酸是滋补强壮的物质基础之一。药理实验证明，蝉花与其他虫草的氨基酸都有不同程度的补益作用。

蝉拟青霉多糖能增强老龄大鼠腹腔、肺泡巨噬细胞吞噬功能和脾细胞免疫功能及增殖反应能力，使老龄大鼠低下的免疫功能得以改善，说明蝉拟青霉多糖能增强老龄大鼠的免疫功能和减少老龄大鼠体内脂质的含量，具有滋补强壮作用。

8. 杀虫

在害虫防治上，蝉拟青霉是一种有潜力开发成为生物农药的真菌。采用蝉拟青霉孢子粉处理小菜蛾幼虫，蝉拟青霉可以在小菜蛾幼虫和蛹上寄生，并导致小菜蛾死亡。蝉拟青霉分生孢子、菌丝、发酵代谢产物均对蚜虫有一定的杀灭效果。已经有人将蝉拟青霉子实体用乙醇提取，再经多重萃取和分离纯化，得到一个对酸稳定和胃蛋白酶不敏感的白色粉末状杀虫化合物，有望开发成生物农药。

三　活性成分

1. 多糖

多糖具有独特的生物活性，是许多中草药的主要活性物质，部分多糖具有抗肿瘤、抗菌、抗病毒、抗辐射、抗衰老等功效，近年来其免疫调节作用已成为研究开发的热点。从蝉花中分离出了半乳甘露聚糖，这是一种水溶性多糖，相对分子质量为27000，由D-甘露糖和D-半乳糖以4∶3比例组成，以20毫克/千克的剂量对小鼠S180肉瘤进行抗肿瘤研究，结果抑制率为47%。从蝉花中提取的多糖以冬虫夏草多糖为阳性对照，对小鼠进行淋巴转化试验和巨噬细胞吞噬试验，结果表明蝉花多糖具有明显的提高免疫功能作用。

有研究报道，蝉花发酵液中含有丰富的透明质酸，透明质酸是以乙酰氨基葡萄糖和葡萄糖醛酸为结构单元的高分子非蛋白酸性黏多糖，由于其保湿型强、生物相容性好，在高档化妆品中应用广泛；还常作为黏弹性保护剂用于眼科手术，如眼球晶体移植手术、视网膜剥离手术、开放性玻璃体切除手术及青光眼手术等，也常用于治疗类风湿性关节炎和骨性关节炎等疾病。此外，透明质酸具有抗肿瘤作用，可有效刺激免疫系统，阻止肿瘤细胞扩散。透明质酸为蝉花的次级代谢产物，可从蝉花发酵液中提取，既能避免从动物组织中提取受到原料不足的限制，又有利于蝉花的综合利用。

2. 虫草酸

蝉花中含有较高浓度的虫草酸（D-甘露醇），含量高于冬虫夏草和蛹虫草。虫草酸具有平喘祛痰、利尿、提高血浆渗透压、抗氧化等作用，对多种疾病有一定疗效。近年来，人们还逐渐认识到虫草酸的一些独特生理功能，如食用后不引起血糖水平波动、不引起牙齿龋变及低热值等特性，故将其作为甜味剂和食品添加剂，用量在世界范围内迅速增加。虫草酸的含量与蝉花内在质量存在一定关系，值得进一步研究和开发利用。

3. 核苷类

该类成分包括腺苷、虫草素、鸟苷、尿苷、腺嘌呤、鸟嘌呤等，蝉花菌丝体中腺苷含量约为冬虫夏草的4倍。腺苷涉及中枢神经系统中不同生理过程的调节，能抑制中枢神经元的兴奋性，可扩张冠状血管及周围血管、增加冠状动脉血流量、降低血压、减慢心率等，还具有抗血小板聚集、抗辐射和抗肿瘤等作用。

4. 麦角固醇

从蝉花菌丝体中分离出麦角固醇和麦角固醇过氧化物，麦角固醇是真菌类细胞膜上重要的固醇类，在虫草类真菌中的含量相对稳定，通常作为质量控制指标之一，具有抗氧化能力，是维生素D_2的前体物质。麦角固醇过氧化物具有抑制肿瘤生长、抗炎、抗动脉粥样硬化的作用。

5. 多球壳菌素

通过免疫抑制细胞模型，从蝉花培养滤液中筛选获得了多球壳菌素。药理研究表明，多球壳菌素具有显著的双向免疫调节作用，能阻断白介素1受体以下的途径，抑制丝氨酸棕榈酰转移酶活性，从而特异性抑制T细胞的增殖；多球壳菌素对同种细胞障碍性

T细胞的诱导有很强的抑制活性，作用比环孢菌素强10~100倍；对于同种混合淋巴细胞反应，多球壳菌素也比临床广泛应用的环孢菌素显示更强的活性，显示了良好的临床应用前景。

多球壳菌素可抑制动脉粥样硬化的形成。连续60天对8周龄的动脉粥样硬化大鼠每隔1天注射质量浓度为0.3毫克/千克多球壳菌素，结果显示多球壳菌素对鞘脂类的合成有明显的抑制作用，试验大鼠动脉硬化损伤面积明显减少，因此多球壳菌素可能作为治疗动脉粥样硬化的一个选择。

利用高糖模拟糖尿病患者体内的高糖环境，探讨多球壳菌素在糖尿病肾病肾脏肥大和早期肾硬化过程中所产生的作用，结果表明多球壳菌素不但可有效抑制肾小球系膜细胞肥大，并能明显减少细胞外基质分泌，因此有望将其用于治疗包括糖尿病肾病在内的肾小球硬化。

四 主要产品

蝉花主要以生药形式销售，有野生采集和人工培养两种。野生蝉花在自然条件下生长，如果生长环境的土壤、水质和空气中含有重金属和农药残留，会富集到蝉花中，使蝉花的重金属和农药残留超标。因此野生蝉花以未受重金属和农药污染的地区、地段或地块产出的为好，相同条件下以竹林出产的为佳。

现在人工培养蝉若虫（知了猴）的技术已经成功，在此基础上已培养出人工蝉花。人工培养蝉花可以控制环境条件，避免不利因素影响，使重金属和农药残留含量显著降低，并可避免有害真菌的侵染。

目前蝉花的加工产品主要是各种粉剂，如蝉花全粉、人工蝉花子实体粉、蝉花孢子粉、蝉花液体发酵菌粉、蝉花菌质粉（固体培养菌丝体和培养料的混合物）等，少有用提取出的活性成分进行深加工的产品。上述产品多未标出活性成分，如能标出主要活性成分的种类和含量，且含量较高，将会有助于消费者对蝉花产品的认可及海内外市场的开拓。

第八部分

其他药用
真菌（一）

8

一 抗癌抗病毒的香菇

香菇属于担子菌门伞菌纲伞菌目光茸菌科香菇属，又名香蕈、香菌、香信等，是国内外著名的食用菌。它不仅肉质肥嫩、滋味鲜美、香气袭人、营养丰富，而且具有多种医疗保健功效，是著名的食药兼用真菌，深受国内外广大消费者的钟爱。

香菇可以预防和治疗多种疾病，自古以来便被认为是延年益寿的上品。明代李时珍《本草纲目》记载，香菇"性平、味甘，能益气不饥，治风破血，化痰理气，益味助食，理小便不禁。"《医林纂要》认为，香菇"甘、寒，可托痘毒。"由于香菇中含有香菇多糖、香菇嘌呤、双链核糖核酸、麦角固醇、维生素B_1、维生素B_2等多种功能成分，既可作为功能性食品直接食用，也可作为加工功能性食品的原辅材料。

1. 活性成分和特殊营养成分

（1）香菇多糖　香菇多糖是香菇中的重要药用成分，具有较强的抗肿瘤活性。其中主要是葡聚糖，相对分子质量约为50万。香菇中其他多糖由D-葡萄糖、D-半乳糖、D-甘露糖、L-阿拉伯糖及D-木糖构成。香菇子实体中至少含有7种香菇多糖。

（2）香菇嘌呤　香菇嘌呤又名香菇素，分子式为$C_9H_{11}O_4N_5$，相对分子量为253。具有较强的降低转氨酶及降低胆固醇等作用，还具有抗病毒、防脱发和解毒作用。

（3）维生素　香菇中含有多种维生素，如维生素D_2、维生素B_1、维生素B_2、维生素B_{12}，还含有大量麦角固醇，含量为128个国际单位，经紫外线照射可转变成维生素D_2，含量增加到1000个国际单位。香菇作为维生素D_2的供给源，有助于儿童骨骼和牙齿的生长，可预防佝偻病。

（4）膳食纤维　香菇膳食纤维可以明显降低人体血脂水平，对高脂血患者具有很好的保健功效。另外，其较强的阳离子交换功能可有效降低血压。而它增加肠液黏度等功能，对糖尿病患者也有一定的保健功效。它使粪便增量、变软，刺激肠道蠕动，可起导泻通便作用。

2. 药理作用

（1）对免疫系统作用　香菇多糖具有多种生物活性，可从以下途径发挥免疫调节功能：①提高巨噬细胞的吞噬能力，诱导白细胞介素和肿瘤坏死因子的生成；②促进T淋巴细胞增殖，诱导其分泌白细胞介素；③提高B淋巴细胞活性，增加多种抗体的分泌，增强机体的体液免疫调节功能。这些功能大大增强机体的抗病能力，起到显著的保健作用。

（2）抗肿瘤作用　香菇多糖对实体瘤及血液系统的恶性肿瘤等有明显的抑制作用。临床上已用于胃癌、肺癌、肝癌、急慢性白血病、恶性淋巴瘤、多发性骨髓瘤、恶性胸腹腔积液等疾病的治疗。关于其抗肿瘤的作用机制，大多数学者认为香菇多糖无直接细胞毒作用，主要是通过增强宿主的免疫调节功能，如增强巨噬细胞、淋巴细胞、自然杀伤细胞的活性，并诱导免疫系统产生肿瘤坏死因子、白介素-1、白介素-2及γ-干扰素等抗肿瘤因子，或提高对肿瘤细胞的吞噬杀灭功能，或改变肿瘤细胞膜的生化特性，影响肿瘤细胞的新陈代谢，从而抑制肿瘤的增殖和转移。香菇多糖还能刺激中性粒细胞、单核细胞、淋巴细胞及巨噬细胞的恢复，从而使放化疗患者减少的白细胞迅速得到恢复。

香菇多糖已被开发成抗肿瘤药品，剂型有片剂、注射液和冲剂等。

（3）抗病毒作用　香菇中有一种双链核糖核酸，能激发人体网状内皮系统释放干扰素。干扰素是一种糖蛋白，能干扰病毒蛋白质合成，使其不再生长繁殖，所以对由病毒引起的流行性伤风感冒有预防及辅助治疗作用。香菇还含有可以抵抗人体感染艾滋病毒、单纯疱疹病毒等病毒的物质。

香菇子实体浸提液可有效抑制烟草花叶病毒和黄瓜花叶病毒。从香菇菌丝体中用水提取出抗烟草花叶病毒的物质，证明是一种含部分多肽的葡聚糖，已开发为抗植物病毒的农药。

（4）抗感染作用　反复呼吸道感染是各年龄组小儿常见疾病之一。因反复发病，经常用药，影响患儿的健康和发育，对该病的防治已引起国内外重视。以往治疗方法需长时间肌肉注射，患儿难以耐受和坚持。应用香菇多糖冲剂治疗，结果总有效率达96.7%，证实香菇多糖冲剂对反复呼吸道感染有很好的免疫刺激作用。

临床试验还证明，经香菇多糖注射液治疗的成年反复呼吸道感染者，当年呼吸道感染的发生率较单用抗生素的对照组明显减少，而呼吸道感染的平均感染控制时间也明显缩短，患者机体免疫功能明显增强。

（5）降血脂作用　香菇中的香菇嘌呤能使人体血液、肝脏中的胆固醇降低，对冠心病、动脉硬化、高血压等心血管疾病具有一定的预防和治疗功效。据日本报道，每天食用干香菇9克或鲜香菇90克，一周后测定人体血液中胆固醇含量，青年组平均下降

4%~5%，中年组平均下降6%~9%，老年组平均下降10%~12%。

（6）保肝降酶作用　偶然发现从香菇中提取的香菇多糖有效成分β-葡萄糖苷，具有消除血中内毒素作用。香菇多糖已作为新的细胞免疫增强剂，应用于病毒性肝炎的治疗。

在对71例慢性乙肝病人的治疗中发现，21例慢性活动性肝炎和20例慢性迁移性肝炎患者，每日注射8毫克香菇多糖注射液，一个疗程后检测，得知慢性活动性肝炎患者外周血内毒素和肿瘤坏死因子水平显著降低，慢性迁移性肝炎患者治疗结果与慢性活动性肝炎患者相似。分析认为香菇多糖是一种内毒素消除剂，通过直接消除血中的内毒素，阻断肝脏损害的恶性循环，从而达到保肝作用。

（7）抗衰老作用　给15月龄小鼠实验组每天灌胃1毫升香菇发酵液，对照组每天灌胃1毫升白开水，两个月后测衰老指标，其中脑单胺氧化酶的活力降低28.1%，肝脏超氧化物歧化酶活力增强10.67%，心肌脂褐素含量降低29.4%。香菇能够降低小鼠心、肝、脑、肺中脂褐素的含量，促进超氧化物歧化酶的活力。

（8）抗疲劳作用　人或动物运动时，需要动用储存在体内的肝糖原和肌糖原以供给能量，糖原供能过程中不断产生乳酸等代谢产物，肌肉中乳酸积聚会引起疲劳。如能增加糖原的及时供给，并将积聚在肌肉中的乳酸尽快清除，就能提高运动耐力，起到抗疲劳作用。

用香菇蛋白多糖给小鼠灌胃，连续7天，然后让小鼠负重游泳造成疲劳，结果表明：试验组各个阶段的糖原储备均高于对照组，并达到非常显著水平，说明香菇蛋白多糖在提高机体运动耐力、延缓疲劳和加速疲劳消除方面有显著作用。

（9）补充维生素D作用　香菇中含有一般蔬菜所缺乏的麦角

固醇（维生素D原），麦角固醇在阳光或紫外线的照射下可转化为维生素D_2，有利于人体对钙的吸收，并能促进儿童骨骼和牙齿的生长。

二　养胃山珍猴头菇

　　猴头菇又名猴头菌、猴头、刺猬菌、山伏菌等，属担子菌门伞菌纲红菇目猴头菌科猴头菌属，因子实体形状像猴子头部而得名，是著名的山珍海味（熊掌、猴头、海参、燕窝）之一，也是著名的食药兼用真菌。

1. 活性成分

　　（1）多糖　猴头菇活性物质中最重要的是猴头多糖，是由$\beta-$（$1\rightarrow3$）键连接的主链和$\beta-$（$1\rightarrow6$）键连接的支链构成的葡聚糖。由于菌种不同以及提取部分、提取方法不同等原因，截至目前发现的猴头多糖已有十多种。有学者还从猴头菇中分离得到几种低聚糖，它们能较为明显地改善动物胃黏膜病变，对慢性萎缩性胃炎具有疗效。

　　（2）猴头菌素　猴头菌素是一类二萜化合物，目前共有24种被分离鉴定，能有效促进细胞神经生长因子的合成，是治疗神经功能障碍疾病（如阿尔茨海默症）的潜在药物。

　　（3）腺苷　猴头菌中有较高含量的腺苷。腺苷具有广泛的生物活性，包括镇静、扩血管、抗缺氧等作用，这些活性与猴头菌药效之间很可能有密切关系。

（4）固醇类 从猴头菌菌丝体醇提浸膏中，检测到含量较高的固醇类物质，初步鉴定为麦角固醇。固醇类化合物尤其是麦角固醇，具有抗炎、抗癌等生物活性，是猴头菌的活性成分之一。

2. 药理作用

（1）对消化系统作用 猴头菌多糖可增加胃液分泌、稀释胃酸、保护溃疡面、促进黏膜再生，对胃癌、慢性萎缩性胃炎、食道癌、十二指肠溃疡有明显疗效。

用猴头菇子实体和菌丝体的浸出物制成猴头菌片，能有效治疗慢性萎缩性胃炎、慢性浅表性胃炎和胃窦炎等疾病。复方猴头冲剂对胃溃疡总有效率达94.4%，对十二指肠球部溃疡总有效率为92.7%；猴头菇及其菌丝体治疗慢性胃炎的总有效率达96.3%，而治疗胃及十二指肠溃疡总有效率为93%。

猴头菇提取物颗粒能显著降低老年人服用过量非固醇类药物所致胃黏膜损伤，促进溃疡愈合。在临床上，猴头菇提取物颗粒治疗慢性萎缩性胃炎已取得满意效果，其胃黏膜保护作用优于传统药物枸橼酸铋钾。

（2）对神经系统作用 神经生长因子是外周和中枢神经系统生长并维持功能不可缺少的蛋白质，还可用来治疗智力衰退、神经衰弱以及植物性神经衰退。研究发现，猴头菇水提取物包含的神经活性物质，可以促进细胞中神经生长因子的合成，且增强细胞中神经突的生长。

大脑中动脉闭塞小鼠连续14天服用猴头菇后，梗死体积显著减少，并且猴头菇显著增加大脑皮质和纹状体部位的神经生长因子水平，表明猴头菇可以通过增长神经生长因子水平来治疗脑梗死或脑卒中（即中风）。

猴头菇提取物可以用于治疗实验导致的痴呆大鼠，服用猴头菇提取物的痴呆大鼠，记忆能力与普通大鼠相比基本上没有差别，有望用于人阿尔茨海默症的防治。

（3）抗肿瘤作用　猴头多糖可显著抑制S180肉瘤的生长，提高荷瘤小鼠胸腺和脾的质量，具有抗肿瘤及免疫调节作用。观察猴头多糖胶囊及螺旋藻胶囊对20例中老年胃癌患者的升白作用及免疫功能的影响，结果表明两者均具有升白作用，同时可恢复受化疗药物损害的免疫功能，其中猴头多糖胶囊疗效优于螺旋藻胶囊。

（4）降血糖血脂作用　研究发现猴头多糖对四氧嘧啶型高血糖模型小鼠有降血糖作用，高剂量猴头多糖（100毫克/千克）的作用优于格列本脲。用猴头菇水提取物饲养糖尿病大鼠28天，结果大鼠血清中的葡萄糖显著降低，胰岛素显著增加，而且还减少了大鼠的脂代谢异常，表明猴头菇水提取物有降血糖和降血脂的作用。

（5）抗氧化、抗衰老作用　对猴头菇子实体水提物和醇提物清除各种氧自由基的能力进行测定，结果表明：猴头菇水提物和醇提物均有清除上述氧自由基的能力；醇提物还原力较强，且还原力大小与浓度成正比。脂褐质是人和动物老化代谢产生的废物，随着年龄增长不断在细胞中积累，最终导致细胞萎缩死亡。猴头菇含有丰富的多糖和多肽类物质，可增加小鼠脑和肝脏中超氧化物歧化酶的活力，明显降低果蝇和小鼠心肌脂褐质含量，增强果蝇飞翔能力，因而具有抗衰老、抗疲劳作用。

（6）提高免疫力作用　用猴头菌多糖对小鼠免疫调节作用进行多方面实验，证明猴头菌多糖可明显改善环磷酰胺引起免疫抑制小鼠的非特异性免疫、体液免疫及细胞免疫功能的低下状况。研究猴头菌多糖在体内外对小鼠中性粒细胞的吞噬和杀菌功能的影响，结果猴头菌多糖能增强正常机体中性粒细胞的杀菌能力，并能部分恢复因免疫抑制导致的中性粒细胞杀菌能力的降低。对于因过多使用免疫抑制剂而导致的中性粒细胞功能的下降，猴头菌多糖可能是一种较好的免疫调节剂。

三　健脑益智金针菇

金针菇，又名冬菇、朴菇、构菌、毛柄金钱菌等，隶属担子菌门层菌纲伞菌目口蘑科金钱菌属。因菌柄细长，形似金针菜，故名金针菇。其菌盖滑润，菌柄脆嫩，含有丰富的营养成分，并具有诸多药理作用，有着很好的开发应用前景。

1. 活性成分和营养成分

（1）多糖　金针菇多糖是金针菇主要活性物质，它的单糖组分主要有葡萄糖、半乳糖、甘露糖、木糖、阿拉伯糖、鼠李糖和岩藻糖等。分离出的多糖既有均一多糖，也有杂多糖，且结构特征有多样性。金针菇多糖具有许多生物活性，首先具有抗肿瘤活性，其次具有免疫调节作用，还有保肝作用等。

（2）火菇素　火菇素是金针菇中具有抗肿瘤活性和增强免疫功能的一种结构简单的碱性蛋白质，相对分子质量为19800，不含甲硫氨酸。

（3）火菇毒素 火菇毒素产生于金针菇子实体发育与生长阶段，是一种相对分子质量为31000的心脏毒素蛋白，具有细胞溶解作用。

金针菇的上述两种活性蛋白质，具有显著提高腹腔细胞对癌细胞的杀灭能力，抑制肿瘤细胞增长，调节免疫及抗过敏等作用。

（4）氨基酸 金针菇中含有18种氨基酸，每100克鲜菇中含氨基酸总量达20.9毫克，其中人体必需的8种氨基酸占氨基酸总量的44%~50%，而赖氨酸含量达到5%~6%，精氨酸含量为0.45%~0.55%。这两种氨基酸都有利于儿童智力发育。

2. 药理作用

（1）益智健脑作用 现代医学证明，赖氨酸可以增强记忆、开发智力，有助于大脑发育，对幼儿智力生长和增加身高体重非常有益。另外，干金针菇中锌含量为1.3~6.8微克/克，锌也是儿童生长发育必不可少的物质。因此金针菇被誉为增智菇、益智菇，在日本还有人称其为"一休菇"，一休是日本家喻户晓、聪明绝顶的小和尚。

（2）抗肿瘤作用 研究证明，金针菇菌丝体能产生具有抗肿瘤活性的多糖，从中分离出一种胞内多糖，结构为β-1,3-葡聚糖，对小鼠肉瘤S-180的抑制率为96%，抗肿瘤活性高于香菇多糖和云芝多糖。从金针菇发酵液中提取的一种杂多糖，对肉瘤S-180的抑制率为70%，对腹水瘤的抑制率为80%，且对细胞无任何毒副作用。金针菇多糖还对化疗药物环磷酰胺有着增效减毒作用。金针菇中的火菇素和火菇毒素，也具有很好的抗癌作用，已被开发成抗癌药品。

（3）免疫调节作用　金针菇多糖能明显抑制小鼠移植性肿瘤的生长，其抑瘤活性不是通过直接的细胞杀伤作用，而是通过增强机体免疫功能实现的。从金针菇中分离出来的一种免疫调节功能蛋白，具有免疫调节作用和细胞凝集活性，同时对小鼠系统过敏症具有抑制作用。

（4）护肝作用　金针菇中精氨酸对机体具有十分重要的作用。肝炎、肝硬化、肝癌等肝脏疾病的长期患者，会由于血液中氨浓度增高而中毒，以致发生肝昏迷。但如果经常食用金针菇，摄取机体所需的精氨酸，就能明显地减轻和解除氨中毒，对预防肝昏迷的发生有积极效果。

（5）降低胆固醇作用　香菇降血浆胆固醇的主要成分是一种腺嘌呤衍生物，同一实验曾用5%金针菇提取液作为对照组之一，观察对大鼠血浆胆固醇的影响，发现金针菇与香菇一样，都具有降低胆固醇的作用。

（6）抗疲劳作用　服用金针菇一定时间的小鼠，血清乳酸脱氢酶活力、肌糖原、肝糖原含量均比对照组显著增加，运动后血清尿素氮等增加量明显降低，表明金针菇在增强机体对运动负荷的适应能力，抵抗疲劳产生和加速消除疲劳等方面有明显作用。

（7）抗衰老作用　当金针菇口服液的浓度为5%时，对雌果蝇寿命的延长有显著作用，但对雄果蝇影响不显著；当金针菇口服液浓度为10%时，对雌雄果蝇均有显著延长寿命的作用，对雌果蝇的最大延寿率为17%，对雄果蝇的最大延寿率为7%。

（8）保湿美容作用　金针菇多糖具有保湿美容功效。通过体外法、体内法进行研究，以5%甘油作为对照，体内保湿结果表明，金针菇多糖在皮肤角质层中防止水分散失的能力优于甘油。体外保湿结果表明，在空气相对湿度40%~60%条件下，1%金针菇多糖保湿效果优于5%甘油。

黑木耳是我国著名的药食两用菌，属层菌纲木耳目木耳科木耳属，别名光木耳、云耳、木茸、木菌等。黑木耳性平味甘，功效为凉血、活血、益气、强身、止痛。始载于《神农本草经》，明李时珍《本草纲目》记载木耳"益气不饥，轻身强志，断谷治痔"。

1. 活性成分

黑木耳含有多糖、凝集素、黑色素、胶质以及铜、锌、钼等几十种元素，其中黑木耳多糖为主要功能活性成分。不同结构的黑木耳多糖具有不同的生理活性，包括促进免疫、降血糖、降血脂、降胆固醇、抗血栓、抗肿瘤、清除氧自由基等多种功效。

2. 药理作用

（1）降血脂作用　黑木耳多糖高剂量组（800毫克/千克）和中剂量组（400毫克/千克）与模型组比较，能显著降低小鼠血清总胆固醇、甘油三酯和低密度脂蛋白胆固醇浓度，升高高密度脂蛋白胆固醇浓度，具有保护血管和预防高脂血症发生的作用。

（2）降血糖作用　黑木耳多糖体外降血糖效果表明，能抑制α-葡萄糖苷酶活力，强弱顺序为：黑木耳酸性多糖＞黑木耳中性多糖＞黑木耳碱性多糖。体内降血糖效果表明，80%醇沉部分可使糖尿病小鼠体重负增长减缓，使己糖激酶、琥珀酸脱氢酶活力降低得到缓解，其机制为通过抑制葡萄糖转运及促进其摄取和利用而达到降糖作用。

（3）抗凝血作用　水溶性、酸溶性和碱溶性3种黑木耳多糖，均能显著延长家兔血浆的活化部分凝血酶时间，作用强弱为：碱溶性＞水溶性＞酸溶性，活化部分凝血酶时间与多糖浓度呈正相关，且除蛋白后效果均高于除蛋白前，而对凝血酶原时间和凝血酶时间无明显影响。

（4）抗肿瘤作用　将大鼠随机分为对照组、黑木耳多糖低剂量组（100毫克/千克）、高剂量组（500毫克/千克），30天后测定，结果表明黑木耳多糖对大鼠颅内胶质瘤的生长具有显著抑制作用，对肿瘤组织增殖细胞核抗原的表达也有一定抑制作用，且高剂量多糖的抑制效果更为显著。另有试验证明，黑木耳多糖对肝癌小鼠抑瘤率可达45.21%，主要通过提高脾指数和胸腺指数及血清一氧化氮含量达到抑瘤作用。

（5）抗氧化及抗衰老作用　黑木耳多糖能显著提高氧化损伤心肌细胞的存活率，与过氧化氢损伤组比较，低、中、高各干预组心肌细胞乳酸脱氢酶、丙二醛含量显著降低，细胞内超氧化物歧化酶活力显著提高，且抗氧化损伤作用呈剂量依赖关系。黑木耳多糖可增高小鼠胸腺指数及脾指数，使超氧化物歧化酶及谷胱甘肽过氧化物酶的活力显著增高，丙二醛含量降低，推测其具有明显的抗衰老作用。

（6）止咳化痰作用　探讨黑木耳多糖在氨水致咳小鼠中的止咳化痰作用，结果表明，与空白对照组比较，黑木耳多糖中剂量组

（100毫克/千克）和高剂量组（200毫克/千克）小鼠的咳嗽次数均减少，咳嗽潜伏期延长。高剂量组小鼠的酚红排泄量明显高于空白对照组，表明黑木耳多糖有止咳化痰的功效。

（7）增强免疫作用　黑木耳多糖调节免疫的机制为活化小鼠腹腔巨噬细胞的功能，增加吞噬能力，还通过调节肿瘤坏死因子和干扰素增强机体免疫调节作用。

五　润肺补气毛木耳

1. 简介

毛木耳和黑木耳同属，但不同种，又名黄背木耳、白背木耳、大木耳、粗木耳等，主要分布在热带和亚热带地区。毛木耳生命力强，适应性广，生产周期短，产量高，在我国产量较高。营养分析发现，毛木耳子实体中多糖含量明显高于黑木耳。

毛木耳质地比黑木耳稍硬，口感特别，适于凉拌，风味如海蜇皮。《中华本草》记载，毛木耳性甘平，归胃、大肠经，具有凉血止血、补气润燥等功效。

2. 药理作用

（1）对血液系统的影响　①抗凝血：毛木耳煎剂10毫升/千克灌胃，连续20天，结果表明，毛木耳能延长小鼠部分凝血活酶时间12秒，提高血浆抗凝血酶活性，具有明显的抗凝血作用。毛木耳多糖50毫升/千克给小鼠静注、腹腔注射、灌胃，均有明显的抗凝血作用。在体外试验中，毛木耳多糖也有很强的抗凝血活性。②抗血小板聚集：毛木耳的磷酸盐缓冲液提取物，在试管内明显抑制腺苷二磷酸引起的血小板聚集。人口服70克毛木耳后3小时内即开始出现血小板功能降低，作用可持续24小时。毛木耳菌丝体酸提取物体内体外均能明显抑制腺苷二磷酸诱导的大鼠血小板聚集。③抗血栓形成：兔口服木耳多糖18.5毫克/千克，可明显延长特异性血栓及纤维蛋白血栓的形成时间，缩短血栓长度，减轻血栓湿重和干重，减少血小板数，降低血小板黏附率和血液黏度，并可明显缩短豚鼠优球蛋白溶解时间，降低血浆纤维蛋白原含量，升高纤溶酶活力，证明木耳多糖有明显的抗血栓作用。④提升白细胞数量：小鼠腹腔注射毛木耳多糖2毫克/只，连续7天，能较好地对抗环磷酰胺引起的白细胞下降。

（2）促进免疫功能作用　毛木耳多糖能增加小鼠脾指数、半数溶血值和玫瑰花结形成率，促进巨噬细胞吞噬功能和淋巴细胞转化等。毛木耳多糖250毫克/千克，连续7天小鼠腹腔注射，能明显提高外周血T淋巴细胞百分率；400毫克/千克和800毫克/千克皮下注射，共7天，可使环磷酰胺引起的半数溶血值减少恢复正常。

（3）降血脂及抗动脉粥样硬化作用　毛木耳30克/千克煎汁，连续灌服20天，木耳多糖28毫克/千克，连服8天，均可明显降低高脂血症大鼠血清甘油三酯和血清总胆固醇含量，提高血清高密度脂蛋白胆固醇与总胆固醇比值，且有降胆固醇作用。

（4）延缓衰老和抗疲劳作用　每日给家兔食用毛木耳2.5克/只，共90天，可降低动脉粥样硬化家兔氧自由基、肝心脑组织脂褐质、血浆过氧化脂质、血浆胆固醇含量，并减轻动脉粥样硬化病变，显示有延缓衰老作用。腹腔注射毛木耳多糖100毫克/千克，连续7

天，可使小鼠在水中平均游泳时间延长50%，有增强小鼠抗疲劳的能力。

（5）抗辐射及抗炎作用　小鼠腹腔注射毛木耳多糖100毫克/千克，连续7天，对^{60}钴γ射线有拮抗作用，小鼠存活率提高1.56倍。腹腔注射60毫克/只，对大鼠由鸡蛋清引起的足跖肿胀有一定的抗炎症作用。

（6）抗溃疡作用　毛木耳多糖以每日70毫克/千克灌胃，连续2天，能明显抑制大鼠应激型溃疡的形成；以每日165毫克/千克灌胃，连续12天，能促进醋酸型胃溃疡的愈合，对胃酸分泌和胃蛋白酶活力无明显影响。

（7）降血糖作用　毛木耳多糖33毫克/千克或100毫克/千克灌胃，能明显降低四氧嘧啶糖尿病小鼠血糖水平，口服多糖后4~7小时降血糖作用最显著，还能减少糖尿病小鼠饮水量。

（8）抗生育作用　毛木耳多糖8.25毫克/千克给小鼠腹腔注射，抗着床和抗早孕效果明显，终止中期妊娠作用略差些，对孕卵运输则无效。

（9）抗癌和抗突变作用　毛木耳热水提取物对瑞士小鼠肉瘤S-180抑制率为42.5%~70%，对艾氏腹水癌抑制率为80%。毛木耳多糖200毫克/千克，连续10天，有对抗环磷酰胺所致小鼠骨髓微核率增加的作用。

六　滋养珍品银耳

1. 简介

银耳是我国珍贵的传统食用和药用菌，又称雪耳、白耳、白木耳、银耳子，是治疗虚弱和衰老的名贵药品和补品，有"菌中之冠"美誉，《神农本草经》等医药古籍多有记述。《本草诗解药注》则记"白耳有麦冬之润而无其寒，有玉竹之甘而无其腻，诚润肺滋阴之要品，为人参、鹿茸、燕窝所不及。"

银耳属于担子菌门异隔担子菌纲银耳目银耳科银耳属，含有多糖、黄酮及氨基酸等多种成分，其中银耳多糖含量最多，为其最重要的活性物质。

2. 药理作用

（1）免疫调节作用　研究表明，银耳多糖可通过激活免疫细胞、增加免疫因子的表达、提高机体免疫功能等对免疫系统进行调节。通过分离纯化得到6种银耳多糖，将其用于环磷酰胺诱导白细胞减少的大鼠模型，发现均能显著增加模型大鼠外周血中白细胞数量。另外发现4种硫酸化银耳多糖单用或与脂多糖合用，能刺激脾淋巴细胞的增殖，同时还可促进接种鸡新城疫疫苗的鸡外周血中的淋巴细胞的增殖。

（2）降糖和调脂作用　银耳多糖能通过调节糖代谢酶的活性，促进胰岛素的分泌及提高外周组织对葡萄糖的利用，阻断胆固醇肝肠循环来达到降低血糖血脂的作用。运用链脲佐菌素联合高糖高脂饲料建立2型糖尿病大鼠模型，通过研究发现银耳多糖能显著降低大鼠的血糖、甘油三酯、总胆固醇及低密度脂蛋白，升高高密度脂蛋白。

（3）抗肿瘤作用　目前，治疗恶性肿瘤除手术切除外，主要方法是化学治疗，但对机体损伤较大。真菌多糖具有一定的抗肿瘤活性，且对机体的毒副作用小。分离提取一种银耳孢子多糖，将其作用于肝癌模型小鼠，结果表明银耳多糖对肝癌具有显著的抑制作用。对肿瘤模型小鼠进行口服和静脉注射银耳多糖，考察肿瘤生长抑瘤率、动物体重差异，计算脏器指数、小鼠免疫器官质量和外周血白细胞数，发现银耳多糖对化疗药物环磷酰胺具有增效减毒的作用。

（4）抗辐射作用　采用γ射线辐射的小鼠模型，将磷酸酯化的银耳多糖作用于模型小鼠，发现其骨髓的核细胞数、白细胞数、脾指数和胸腺指数均有升高，说明磷酸酯化银耳多糖对辐射损伤小鼠的造血功能具有一定的保护作用。通过观察辐射模型小鼠30天的存活率和外周血液学参数，发现银耳多糖能增强小鼠存活率，延长存活天数，且小鼠外周血中血红蛋白含量、白细胞数及红细胞数也能保持较高水平，证明银耳多糖对辐射损伤小鼠具有保护作用。

（5）抗氧化作用　用紫外线对雌性大鼠辐射后，给予银耳多糖进行治疗。通过检测抗氧化防御系统中超氧化物歧化酶、谷胱甘肽过氧化物酶及过氧化氢酶的活性，发现高剂量的银耳多糖可使超氧化物歧化酶活性显著提高，且高、中、低剂量组均能使谷胱甘肽过氧化物酶活性显著提高，过氧化氢酶活性略有提高，由此证明银耳多糖对抗氧化酶具有保护作用，推测其具有清除自由基的活性。

（6）抗衰老作用　建立细胞衰老模型，用银耳多糖进行干预。结果发现银耳多糖具有促进模型细胞增殖分裂的作用，且能减少衰老细胞的数量。用过氧化氢诱导人皮肤成纤维细胞建立损伤细胞模型，发现银耳多糖能降低模型细胞的氧化应激反应和凋亡率，证明银耳多糖可作为一种潜在的与氧化应激相关的皮肤疾病和衰老的治疗剂。

（7）抗凝血和血栓作用　家兔腹腔注射银耳多糖27.8毫克/千克和41.7毫克/千克，可明显延长特异性血栓和纤维蛋白血栓的形成时间，缩短血栓长度，降低血小板数量、血小板黏附率和血液黏度，降低血浆纤维蛋白原含量，升高纤溶酶活力，这表明银耳多糖具有明显的抗血栓形成作用。银耳多糖体内、体外应用均有明显抗凝血作用，不同给药途径均显示出较强的抗凝血活性，尤以口服效果最好。

七　菌中皇后竹荪

1. 简介

竹荪是担子菌门层菌纲鬼笔目鬼笔科竹荪属真菌的统称，常见品种有长裙竹荪、短裙竹荪、红托竹荪和棘托竹荪。竹荪营养丰富，风味独特，经常食用可以降低血压，减少血液中脂肪和总胆固醇的含量，还可增强肌体对肿瘤的抵抗力，具有很好的营养和药用价值，被誉为"山珍之花"和"菌中皇后"。

2. 药理作用

（1）降血脂作用　竹荪子实体中不饱和脂肪酸占脂肪酸总量的75%以上，可能是降低血脂、血压的有效成分。用添加长裙竹苏粉的饲料喂养大鼠，一段时间后，发现正常大鼠的血脂含量没有受到竹苏粉明显影响，但高脂血大鼠血脂却因竹苏粉而呈现下降趋势。喂养试验表明竹苏子实体具有降血脂作用，竹苏菌丝深层发酵产物则可使血清总胆固醇浓度显著降低，且二者对机体均无毒性作用。

（2）抗辐射和免疫调节作用　竹苏提取物的有效成分主要为多糖、氨基酸及多种微量元素。以长裙竹苏的菌托和菌盖为原料，采用稀乙醇浸出法和水浸法相结合的制备工艺提取活性成分，喂养有辐射损伤的大鼠，结果表明竹苏托盖液具有修复辐射损伤最敏感的免疫活性T细胞的功能，提高T细胞生长因子指数，使T淋巴细胞数量明显增加，并显著激活免疫调节细胞。

（3）抗肿瘤作用　竹苏多糖是具有高活性的大分子物质，有较强的抗肿瘤作用。提取长裙竹苏菌丝体糖蛋白，抑制肿瘤试验表明它对小鼠肉瘤S-180的抑制率达到36.82%。通过对竹苏深层发酵菌丝体提取液对小鼠免疫功能及S-180肿瘤细胞的作用观察，表明其可显著提高小鼠腹腔巨噬细胞的吞噬功能，并能明显增加免疫器官的重量，对小鼠S-180肿瘤的抑瘤率为40.63%。通过热水提取法提取红托竹苏多糖，测定其组成部分为β-型甘露糖苷，也对小鼠S-180肉瘤具有一定程度的抑制作用。

（4）抗氧化作用　研究短裙竹苏多糖的抗氧化作用，结果表明多糖抽提液在较低浓度下（<200毫克/升）能明显清除超氧阴离子自由基，而在较高浓度下（>200毫克/升）则不明显，荧光法测定它对人红细胞膜的脂质过氧化有抑制作用。研究发现竹苏菌盖多糖具有较好的还原能力和抑制羟基自由基能力。随着菌盖多糖质量分数的增加，其还原能力和抑制羟基自由基能力有一定程度的提高，但菌盖多糖对超氧阴离子的抑制能力较弱。

（5）抑菌作用　取竹荪和肉共煮的汤在28~30℃下培养，与不加竹荪的肉汤对照，发现竹荪肉汤比不加竹荪的肉汤变质速度要延迟2~3天，表明竹荪能在一定程度上抑制微生物活性。长裙竹荪浸提液对食品中主要致病致腐细菌（金黄色葡萄球菌、枯草芽孢杆菌等）有较强的抑制，可在中性至微碱性条件下发挥作用，同时抑菌成分对高温、高压稳定，但对霉菌及酵母的抑菌作用不明显。不论是竹荪子实体还是菌丝体，都具有比较显著的抑菌作用。

八　健脾安神茯苓

1. 简介

茯苓是一种食药兼用的真菌，为寄生在松树根上的菌核，外皮黑褐色，里面白色或粉红色，别名白茯苓、云茯苓、朱茯苓、茯菟、伏灵、镜苓、松茯苓等。属担子菌门伞菌纲多孔菌目多孔菌科茯苓属。味甘淡、性平，归心、肺、脾经，具健脾、安神、美容、镇静、利尿作用，也能促进机体免疫能力。茯苓的主要活性成分包括茯苓聚糖和三萜类物质等。

2. 药理作用

（1）免疫调节作用　茯苓水提物、碱提物和醇提物都能促进小鼠腹腔内巨噬细胞的吞噬指数和吞噬百分率，显著增加小鼠血清内免疫因子的含量，使胸腺及脾脏的质量增加。茯苓发挥免疫调节作用的物质主要为三萜类化合物、水溶性多糖和酸性多糖。

给小鼠静脉注射剂量为5、10和50毫克/千克的羧甲基茯苓多糖，能明显促进小鼠脾淋巴细胞的增殖及腹腔巨噬细胞的吞噬功能；当体外给药质量浓度在0.1~0.5微克/毫升时，可以直接促进小鼠脾淋巴细胞增殖。羧甲基茯苓多糖对小鼠混合淋巴细胞反应具有明显的促进作用，还可显著增强刀豆蛋白和磷酸脂多糖活化的小鼠脾淋巴细胞的增殖反应，增强小鼠腹腔巨噬细胞吞噬中性红的作用。

（2）利尿作用　将茯苓水煎液分别给生理盐水负荷大鼠和小鼠灌胃，结果显示茯苓有较为明显的利尿作用，且作用时间长。与阴性对照组相比，茯苓中、高剂量组动物尿中K^+排出量显著升高，Na^+／K^+排出量比值下降。研究表明，茯苓对电解质的影响比西药小，更适合高剂量长疗程用药。

（3）抗肿瘤作用　茯苓多糖能通过提高自然杀伤细胞活性、促进淋巴细胞增殖，发挥抗肿瘤作用。其作用机制是通过激活免疫监视系统，增强免疫功能，抑制肿瘤细胞核糖核酸和脱氧核糖核酸的合成。对羧甲基茯苓多糖口服液的抗肿瘤作用研究发现，羧甲基茯苓多糖能显著提高荷瘤小鼠肿瘤坏死因子含量，使免疫低下小鼠的胸腺、脾脏质量及溶血素抗体含量显著升高，增强巨噬细胞吞噬功能和自然杀伤细胞活性，提高白细胞介素2至正常水平。羧甲基茯苓多糖对小鼠宫颈癌、肺癌、S-180肉瘤细胞及H22肝癌细胞的生长均有显著抑制作用。

（4）抗肝纤维化作用　建立大鼠肝纤维化模型，将茯苓水提物用于该模型和大鼠肝星状细胞，结果显示，茯苓组的血清透明质酸和Ⅳ型胶原含量下降；大鼠肝星状细胞增殖抑制率升高；肝组织基质金属蛋白酶组织抑制因子、转化生长因子及血小板衍生生长因子的表达减少。结果表明，茯苓可以使大鼠肝纤维化的发生减缓，作用机制可能是抑制大鼠肝星状细胞增殖活化、下调转化生长因子和血小板衍生生长因子表达，促进细胞外基质的降解和减少肝纤维结缔组织的沉积。

（5）治疗糖尿病作用　用四氧嘧啶诱导糖尿病模型大鼠，观察茯苓多糖灌胃后5、15和30天的空腹血糖浓度改变以及肝脏中丙二醛、超氧化物歧化酶、谷胱甘肽过氧化物酶的含量。结果显示，茯苓多糖可减缓糖尿病模型大鼠体重的负增长，降低肝脏中丙二醛，升高超氧化物歧化酶；降低糖尿病模型大鼠的血糖，且与处理浓度和时间呈正相关；而对谷胱甘肽过氧化物酶无明显影响。表明茯苓多糖具有降血糖和抗脂质过氧化作用。

（6）抗衰老和抗疲劳作用　以正常小鼠和老龄大鼠为实验对象，研究茯苓多糖对丙二醛含量、超氧化物歧化酶和单胺氧化酶的活力以及对动物抗寒和抗疲劳实验产生的影响。结果显示，茯苓多糖可以使血清中超氧化物歧化酶活力增加，而不影响单胺氧化酶的活力，说明茯苓多糖具有较好的抗动物衰老作用。

与空白对照组相比，茯苓多糖可以延长小鼠负荷游泳时间，茯苓多糖中、高剂量组可以显著降低血清尿素氮和血乳酸含量，并提高肝脏超氧化物歧化酶活力。结果表明，茯苓多糖对小鼠具有很好的抗疲劳作用，其机制可能与降低血清尿素氮、血乳酸含量以及提高肝脏超氧化物歧化酶活力有关。

第九部分

其他药用
真菌（二）

9

一 桑黄

桑黄因寄生于桑树而得名，又称桑臣、树鸡、桑黄菇、梅树菌等，分布于我国华北、西北及黑龙江、吉林、台湾、广东、四川、云南、西藏等地。早在《神农本草经》中即有记载，《本草纲目》载其"性甘平、味苦辛，归肝、膀胱经，辛行甘和，入血分以化瘀"。近年因种属和种名有点混乱，影响了它的研究开发。现在认为桑黄属于担子菌门伞菌纲锈革孔菌目锈革孔菌科桑黄属，包含桑树桑黄、暴马桑黄、忍冬桑黄和杨树桑黄等，以桑树桑黄最佳。

桑黄具有很好的抗肿瘤活性，1968年日本学者发现桑黄对肿瘤细胞的增殖抑制率高达96.7%，而对正常细胞没有毒性；1993年桑黄获韩国卫生部批准为抗癌药物；2006年美国波士顿大学医学院发现桑黄治疗前列腺肿瘤有效，凯特琳肿瘤中心也承认桑黄、灵芝、桦褐孔菌具有抗癌作用。桑黄对黑色素瘤、白血病、胃癌、乳腺癌、结肠癌、甲状腺结节等都有明显疗效，还有免疫调节、降血糖、抗氧化、抗菌消炎等作用。日本、韩国等已有成熟产品投放市场，我国研究开发相对滞后，需加强研究，很好开发利用这一珍贵的药用真菌。

二 云芝

云芝又称彩绒革盖菌、彩云革盖菌、杂色云芝等，属担子菌门层菌纲多孔菌目多孔菌科云芝属，国内多产于东北各省林区。云芝性寒微甘，能清热、消炎，具有扶正固本、补益精气的功效。主治健脾利湿，止咳平喘，清热解毒，慢性活动性肝炎，肝硬化，慢性支气管炎，小儿痉挛性支气管炎，咽喉肿痛，类风湿性关节炎，多种肿瘤及白血病等。

云芝子实体含有抗肿瘤物质，可作为肝癌免疫治疗药物；菌丝体提取的多糖和发酵液提取的多糖均具有很强的抑癌性，对小白鼠肉瘤S-180和艾氏癌的抑制率分别为80%和100%。云芝还是一种有多种代谢产物的真菌，如蛋白酶、过氧化酶、淀粉酶、虫漆酶以及革酶等，有着广泛的经济用途。已有云芝肝泰、云芝胶囊、云芝多糖片等数种中成药应用于临床。

三 树舌

树舌又称平盖灵芝、扁木灵芝、扁芝、扁蕈等，与灵芝同属不同种，分布于我国东北、西北、华东、华南、西南各省区。其性平微苦，开郁利膈，入脾、胃二经。

树舌具有抗肿瘤、止痛、清热、化积、止血、化痰、消炎解毒等功效，临床多用于治疗乙型肝炎、食道癌、肺结核、神经衰弱等，在我国和日本民间作为抗癌药物应用已久。据报道，其热水提取物对小白鼠肉瘤S-180的抑制率为64.9%。我国对树舌的研究起步较晚，近年研制出肝必复等保肝药物，但研究开发还需进一步发力。

四 假芝

假芝不是假灵芝，而是一种规范名称，属于担子菌门层菌纲多孔菌目灵芝科假芝属，有时也作为该属若干种的统称，主要分布在我国南方地区，被认为是《神农本草经》所载"六芝"中的"黑芝"，具有消炎、利尿、益胃功效，属中的皱盖假芝能消炎、利尿，而漆黑假芝则有消炎止血、祛瘀消积功效，在民间有着悠久的药用历史。

近年研究发现假芝的多种生理功能，比如免疫调节、抗肿瘤、抗氧化、抗衰老、抗病毒、保护神经元等，且部分功效优于多种已被大众熟知的食药用菌，但至今未见正式的开发利用和产品转化，主要原因是同科的灵芝、紫芝在公众认同上有压倒性优势，掩盖了假芝的功效作用。

五 松杉灵芝

松杉灵芝又称铁杉灵芝、松杉树芝、木灵芝等，与灵芝同属，但不同种，主要分布在我国寒温带地区，是我国一种重要的灵芝资源，民间多当灵芝入药，具有扶正固本、滋补强壮功效，在中药上用于活血、追风、驱湿，民间用其泡酒，对风湿性关节炎疗效较好。

目前已发现松杉灵芝具有显著的抗肿瘤活性，以及抗高血脂、抗氧化、抗突变、提高记忆力、保肝及免疫调节等功效，因与灵芝类似，虽已开发成抗肿瘤和提升免疫力的保健食品，但宣传较少。

六 槐耳

槐耳别名槐菌、槐鸡、槐鹅等，分布于山东、河北等地，属担子菌门层菌纲非褶菌目多孔菌科栓菌属。古籍多有记述，味苦辛、平、无毒，能治风、破血、益力，古代用于治疗痔疮、便血、脱肛、崩漏等。

近年研究证实，槐耳能显著提高机体免疫功能，可用于治疗肿瘤和炎症，如肝癌和慢性乙型肝炎等。槐耳主要寄生在中国槐上，因野生资源稀缺，现多用固体发酵的槐耳菌质代替子实体，用菌质提取物开发的药物槐耳颗粒、槐耳冲剂和槐耳浸膏已应用于临床，有关保健食品也已问世。

七 猪苓

猪苓又称朱苓、猪灵芝、猪茯苓、猪粪菌等，陕西、云南、山西、四川等省和吉林的长白山是主产区，以陕西太白山区出产的为佳。猪苓属担子菌门层菌纲非褶菌目多孔菌科多孔菌属（一说树花属），是蜜环菌的共生菌，具有利水渗湿的功效，用于小便不利、水肿、泄泻、淋浊、带下等症，是我国传统中药材。

现代药理研究表明，猪苓具有显著的利尿、抑制肾结石、抗菌、抗炎、抗肿瘤（如膀胱癌和肝癌）、保护肾脏、免疫调节、抗氧化、抗突变、降血脂和保肝等作用，有着良好的开发应用前景。

但对猪苓的研究尚待深入，以更好地开发利用该项资源。

八　块菌

　　块菌又称松露、块菇、无娘果和猪拱菌等，属子囊菌门盘菌纲盘菌目块菌科块菌属。子实体在土壤中生长，营养丰富，风味独特，价格之高堪比钻石，在欧美与鱼子酱、鹅肝酱一起称为"三大珍品"。我国块菌主要集中分布在四川、云南等气候温暖地区，新疆、西藏、甘肃、山西、辽宁、吉林和福建等地也有少量产出。

　　块菌除了营养丰富和风味独特，还具有很好的药用价值，可增强免疫力、抗氧化、抗衰老、抗肿瘤、抗病原微生物、美容、调节女性月经周期和男女性功能等。据研究，块菌中含有一种α-雄烷，是香味独特的类固醇化合物，其化学结构类似于人体的性激素，能调节月经周期和性功能，无论男女，食用后都有很好的保健功效。

九　牛肝菌

　　牛肝菌是一类美味食用菌的统称，属担子菌门层菌纲伞菌目牛肝菌科牛肝菌属，以美味牛肝菌为代表。美味牛肝菌又称大脚菇、大腿蘑、白牛肝菌，我国各省均有分布，西南地区出产较多。

　　美味牛肝菌不但滋味鲜美，而且是著名的药用真菌，具有清热解烦、养血和中、追风散寒、舒筋和血、补虚提神等功效，可治腰腿疼痛、手足麻木、盘骨不舒、四肢抽搐等症，是中成药舒筋丸的原料之一，又是妇科良药，能治妇女白带症、不孕症以及妇女白带异常等。现代研究证明，它能提高人体免疫功能，降低机体耗氧量，增加血红蛋白载氧能力，降低血脂，还具有抗肿瘤、抗突变、抗氧化及抗流感病毒等作用。牛肝菌种类多，少数品种有毒，采食需谨慎。

十　羊肚菌

羊肚菌俗称羊肚子、羊肚蘑、羊肚菜，是国内外著名的野生食药用菌，属子囊菌门、盘菌纲、盘菌目、羊肚菌科、羊肚菌属。羊肚菌最早记载于《本草纲目》，有化痰理气、补肾、壮阳、补脑、提神等功效。国内在青海、云南、甘肃、湖南、四川、河南、河北、黑龙江、辽宁、宁夏、新疆、江苏等地有分布。

现代研究已证明，羊肚菌能抗肿瘤、抗血栓、降血脂、抗辐射、抗疲劳、保肾、保肝，以及调节机体免疫力、调节胃肠蠕动等，在食品、保健品、医药、化妆品等领域有很大的开发潜力和应用前景。现在人工栽培技术已获突破，今后应加强有效成分的研究，使之更好地发挥药用价值，尽早应用于临床。

十一　茶薪菇

茶薪菇又称茶树菇、柱状田头菇、柳松茸等，属担子菌门伞菌纲伞菌目粪伞科田头菇属，原产福建和江西，是一种珍稀的食药用菌。茶薪菇味道鲜美，还可用于防治多种常见病、多发病，能利尿渗湿、健脾止泻、清热平肝，其渗利功效不亚于茯苓。闽西民间多用于小儿发冷、呕吐、腰痛、肾虚尿频、水肿气喘的防治。

茶薪菇可显著增强免疫功能、延缓肌肉疲劳；对实验小鼠移植性S-180肉瘤及S-180腹水瘤均有明显抑制，抑制率可达70%；对大肠杆菌和金黄色葡萄球菌有较强的抑制效果，作用强度为细菌＞酵母＞霉菌；另可抑制线虫的发育和繁殖，最后导致线虫死亡。

十二　灰树花

灰树花又名贝叶多孔菌，在我国西南地区称为莲花菌，在东北地区称为栗蘑，在浙西南山区称为云蕈，而在日本称之为舞茸，美国称为林鸡。属担子菌门层菌纲非褶菌目多孔菌科树花菌属，在我国吉林、云南、四川、浙江及福建等地均有分布。

灰树花在我国有着悠久的采摘和食用历史。其营养丰富，肉质脆嫩，味如鸡丝。现代药学研究证实，灰树花具有抗肿瘤、增强免疫功能等多种生物活性，还具有抑制高血压和肥胖症，预防动脉硬化，增强机体免疫力，促进青少年成长，延缓衰老等医疗保健功能。从灰树花中提取的活性成分灰树花多糖D，具有很强的抗肿瘤作用，被誉为"抗癌奇葩"。

十三 蜜环菌

蜜环菌又名榛蘑、蜜环蕈、青冈蕈，是一种药食兼用真菌。属担子菌门层菌纲伞菌目口蘑科蜜环菌属，我国主要分布在黑龙江、吉林、河南、山西、青海、云南、内蒙古、西藏及台湾等省区，是珍贵中药天麻的伴生菌。

民间常用于预防视力失常、皮肤干燥，治疗癫痫、某些呼吸道和消化道疾病。现代研究表明，蜜环菌及其发酵产物有较多的药理作用，包括催眠镇静、调节血液循环、增强免疫能力、清除自由基、延缓衰老、抑制肿瘤等。随着蜜环菌发酵技术的应用及药理作用的深入研究，已开发出脑心舒、健脑露、蜜环菌浸膏、蜜环菌饮料等多种蜜环菌制剂，在药品、保健品、功能食品等领域中得到广泛应用。

十四 亮菌

亮菌又称假蜜环菌，别名小蜜环菌、根索蘑、青杠菌，是我国20世纪70年代发现的药用真菌，属担子菌门层菌纲伞菌目口蘑科小蜜环菌属，分布于东北、华北及甘肃、江苏、安徽、浙江、福建、广西、四川、云南等地。

　　该菌有强筋壮骨、舒风活络、明目、利肺、益肠胃等保健功能，已开发出亮菌甲素注射液、亮菌口服液、亮菌糖浆、亮菌片剂等制剂。亮菌糖浆对肝炎有明显治疗作用，临床用于急性胆囊炎、慢性胆囊炎急性发作、其他胆道疾病并发急性感染以及慢性胃炎等，也可用于胆结石排石和乙肝病毒表面抗原转阴。亮菌多糖具有保肝、防辐射、抗肿瘤、增强人体免疫力等功能，还能加速造血组织脱氧核糖核酸的合成，特别是对肿瘤放化疗引起的白细胞下降有明显提升作用。

十五　安络小皮伞

　　安络小皮伞又称茶褐小皮伞和鬼毛针，属于担子菌门层菌纲伞菌目口蘑科小皮伞属，分布于福建、广东、湖南、湖北、云南、吉林等地。其肉质坚韧，食用口感差。性微苦，温，归肝经，通经活血，用于麻风病、关节痛、跌打损伤、骨折疼痛、三叉神经痛、风湿痹痛等症，具有消炎止痛的功效。

　　安络小皮伞是20世纪70年代由广东科技人员从民间发掘的药用真菌，既可用子实体入药，也可用发酵菌丝体入药，已开发出安络痛等药品，剂型有糖衣片剂、胶囊和酊剂等。用以治疗多种神经痛，以及神经麻痹、面肌痉挛、腰肌劳损、风湿性关节炎等疾病，有良好疗效。另有抗菌功效，效果优于土霉素。

十六　雷丸

　　雷丸别名雷矢、雷实、竹苓、竹林子、竹铃芝等，属担子菌门层菌纲伞菌目白蘑科脐菇属，主产于四川、贵州、云南、湖北、广西、陕西、浙江、湖南、广东、安徽、福建等省区。

　　雷丸性苦寒，有小毒，能驱虫逐风、治癫痫狂走等，对小儿疳积、惊啼、风痫、风疹瘾疹、痔疮、心痛、瘿瘤、瘫痪顽风和骨节疼痛等也有效果。中医多用来驱除绦虫、丝虫、脑囊虫，也抗阴道毛滴虫，驱蛔虫略差，需配合其他药物。其驱虫的主要成分为雷丸素，是一种蛋白酶。此外，雷丸还有抗肿瘤、降血糖、抗炎、抗氧化和免疫调节等诸多功效。

十七　马勃

　　马勃俗称马屁泡、牛屎菇、灰菇、灰菌、地烟等，属担子菌门腹菌纲马勃目马勃科秃马勃属。历代医药学家对其特征、药性和功用都有著述，是一种用于消肿、解毒和止血的常见药用菌，我国各地几乎都有分布，主产于内蒙古、辽宁、安徽、甘肃、江苏、云南等省区。

　　马勃药性平、味辛，归肝、肺、肾、胃经。现代药理研究证明，马勃具有抗菌、抗炎、止咳、止血、抗氧化、杀虫等作用，还具有抗肿瘤功效，已用于治疗咽喉癌、肺癌、舌癌、恶性淋巴瘤、甲状腺癌及白血病等。另外，马勃粉敷烧伤和疥疮处有良好疗效，幼小马勃切片敷于肿胀和疼痛处也有效果。马勃品种较多，来源广泛，市场有较多伪品，需对每一品种的成分和药理进行深入研究，为马勃资源的开发与利用提供科学依据。

十八　竹黄

竹黄又名竹花、天竹花、竹赤团子、竹参、竹三七、竹茧等，属子囊菌门粪壳菌纲肉座菌目肉座菌科竹黄属，主要分布于我国四川、江西、江苏、浙江、湖北、湖南、安徽、贵州、福建、云南等地。竹黄具有止咳祛痛、舒筋活络、祛风利湿、补中益气、活血补血、散瘀通经等功效，用于治疗虚寒胃痛、风湿性关节炎、气管炎、百日咳、坐骨神经痛、跌打损伤、贫血头痛等症。

竹黄有很高的药用价值，具有良好的镇痛、抗炎、抗菌、局麻、抗病毒、抗肿瘤作用，还有利尿、护肝、保护心血管等功效。竹黄中含有多种生理活性成分，其中最引人注目的是竹红菌素。竹红菌素具有良好的光敏杀伤肿瘤细胞、抗病毒、抑制糖尿病患者视网膜病变等功能，并可对艾滋病1型病毒的增殖产生抑制作用，为抗肿瘤和抗病毒提供了新的资源和途径。

第十部分

中国药用真菌
名录

10

此名录以戴玉成和杨祝良两位教授在《菌物学报》所发文章为基础，经简化增删而成。

Abortiporus biennis (Bull.) Singer 二年残孔菌（粉迷孔菌）：抑肿瘤

Agaricus arvensis Schaeff. 野蘑菇：治疗腰腿疼痛，手足麻木等

Agaricus bisporus (J.E. Lange) Pilát 双孢蘑菇：助消化，降血压，抗细菌，抑肿瘤

Agaricus blazei Murrill 巴氏蘑菇（巴西蘑菇，姬松茸）：降血压，抗肿瘤

Agaricus campestris L. 蘑菇：治疗贫血症，脚气，消化不良，抗细菌，抑肿瘤等

Agaricus placomyces Peck 双环林地蘑菇：抑肿瘤等

Agaricus subrufescens Peck 褐鳞蘑菇：抑肿瘤

Agaricus subrutilescens (Kauffman) Hotson & D.E. Stuntz 紫红蘑菇：抑肿瘤等

Agrocybe aegerita (V. Brig.) Singer 杨树田头菇：提高免疫力，抑肿瘤

Agrocybe cylindracea (DC.) Gillet 柱状田头菇（茶树菇，茶薪菇）：利尿，健脾，止泻

Agrocybe dura (Bolton) Singer 硬田头菇：抗细菌，抗真菌

Agrocybe erebia (Fr.) Kühner ex Singer 湿黏田头菇：抑肿瘤

Agrocybe paludosa (J.E. Lange) Kühner & Romagn. 沼生田头菇：抑肿瘤等

Agrocybe pediades (Fr.) Fayod 平田头菇：抑肿瘤

Agrocybe praecox (Pers.) Fayod 田头菇：抑肿瘤等

Aleurodiscus amorphus Rabenh. 珠丝盘革菌：抑肿瘤

Amanita avellaneosquamosa (S. Imai) S. Imai 雀斑鳞鹅膏（片鳞鹅膏、白托柄菇）：治疗腰腿疼痛，手足麻木等

Amanita griseofolia Zhu L. Yang 灰褐鹅膏（圈托鹅膏）：抗湿疹

Amanita hemibapha (Berk. & Broome) Sacc. 红黄鹅膏（橙盖鹅膏）：抑肿瘤

Amanita manginiana sensu W.F. Chiu 隐花青鹅膏（檐托鹅膏）：抑肿瘤

Amanita muscaria (L.: Fr.) Lam. 鹅膏：抑肿瘤，安眠

Amauroderma rude (Berk.) Torrend 皱盖假芝：消炎，化瘀

Amauroderma rugosum (Blume & T. Nees) Torrend 假芝：消炎，利尿，益胃，抑肿瘤等

Ampulloclitocybe clavipes (Pers.) Redhead et al. 棒柄瓶杯伞（棒柄杯伞）：抑肿瘤

Antrodia albida (Fr.: Fr.) Donk 白薄孔菌：抑肿瘤

Antrodia xantha (Fr.: Fr.) Ryvarden 黄薄孔菌（黄卧孔菌）：抗菌，抑肿瘤

Antrodiella zonata (Berk.) Ryvarden 环带小薄孔菌（鲑贝革盖菌）：抗细菌，抑肿瘤

Armillaria borealis Marxm. & Korhonen 北方蜜环菌（蜜环菌）：镇静，增强免疫力，治疗神经衰弱，失眠，四肢麻木等

Armillaria gallica Marxm. & Romagn 法国蜜环菌（蜜环菌）：治疗神经衰弱、失眠、四肢麻木等

Armillaria mellea (Vahl) P. Kumm. sensu stricto 蜜环菌：增强免疫力，治疗失眠和抑肿瘤等

Armillaria ostoyae (Romagn.) Herink 奥氏蜜环菌（蜜环菌）：镇静，增强免疫力，治疗神经衰弱、失眠、四肢麻木等

Armillaria sinapina Bérubé & Dessur. 芥黄蜜环菌（蜜环菌）：镇静，增强免疫力，治疗神经衰弱、失眠、四肢麻木等

Armillaria tabescens (Scop.) Emel 假蜜环菌（亮菌）：治疗肝病，抑肿瘤

Astraeus hygrometricus (Pers.) Morgan 硬皮地星：止血，治疗冻疮

Auricularia auricula (L. ex Hook.) Underw. 木耳（黑木耳）：抗溃疡，补血，润肺，止血，降血糖等

Auricularia delicata (Fr.) Henn. 皱木耳：补血，润肺，止血等

Auricularia mesenterica (Dicks.) Pers. 毡盖木耳：抑肿瘤

Auricularia polytricha (Mont.) Sacc. 毛木耳：活血，止痛，治疗痔疮，抑肿瘤等

Bankera fuligineoalba (J.C. Schmidt) Coker & Beers ex Pouzar 褐白坂氏齿菌（褐白肉齿菌）：消炎，抑肿瘤

Battarrea phalloides (Dicks.) Pers. 鬼笔状钉灰包：消肿，止血，清肺，利喉，解毒

Battarrea stevenii (Libosch.) Fr. 毛柄钉灰包：消肿，止血，清肺，利喉，解毒

Bjerkandera adusta (Willd.: Fr.) P. Karst. 黑管孔菌：抑肿瘤

Bjerkandera fumosa (Pers.: Fr.) P. Karst. 亚黑管孔菌：抑肿瘤

Boletinus cavipes (Klotzsch: Fr.) Kalchbr. 空柄假牛肝菌：治疗腰酸腿疼，手足麻木

Boletus appendiculatus Schaeff. 黄酸牛肝菌：治疗腰酸腿疼，手足麻木

Boletus edulis Bull.: Fr. 美味牛肝菌：治疗腰酸腿疼、手足麻木，抑肿瘤

Boletus erythropus Pers. 红柄牛肝菌：抑肿瘤

Boletus impolitus Fr. 黄褐牛肝菌：治疗手足麻木，抑肿瘤等

Boletus pulverulentus Opat. 细点牛肝菌：抑肿瘤

Boletus regius Krombh. 桃红牛肝菌：抑肿瘤

Boletus rubellus Krombh. 血红牛肝菌：抑肿瘤

Boletus satanas Lenz 细网牛肝菌：抑肿瘤

Boletus speciosus Frost 华美牛肝菌：助消化，抑肿瘤

Boletus violaceofuscus W.F. Chiu 紫褐牛肝菌：抑肿瘤

Bondarzewia berkeleyi (Fr.) Bondartsev & Singer 伯氏邦氏孔菌：解毒

Bondarzewia montana (Quél.) Singer 高山邦氏孔菌：解毒

Bovista nigrescens Pers. 黑铅色灰球菌：止血

Bovista plumbea Pers. 铅色灰球菌：止血，消肿，解毒等

Bovista pusilla (Batsch) Pers. 小灰球菌（小马勃）：消肿，止血，解毒，清肺，利喉

Bovistella radicata (Durieu & Mont.) Pat. 长根静灰球菌：止血，消肿

Bovistella sinensis Lloyd 大口静灰球菌：止血，消毒，清肺，消肿

Bulgaria inquinans (Pers.) Fr. 胶陀螺：可降低血液黏度，抑肿瘤

Calocybe gambosa (Fr.) Donk 香杏丽蘑（香杏口蘑）：益气，散热

Calostoma japonica Henn. 日本美味菌：抑肿瘤

Calvatia caelata (Bull.) Morgan 龟裂秃马勃：止血，消毒，解毒

Calvatia candida (Rostk.) Hollós 白秃马勃：解热，止血

Calvatia craniiformis (Schwein.) Fr. 头状秃马勃：消炎，消肿，止痛

Calvatia cyathiformis (Bosc) Morgan 杯形秃马勃：消肿，止血，解毒

Calvatia gigantea (Batsch) Lloyd 大秃马勃：消肿，止痛，清肺，解毒，治皮肤真菌感染，抑肿瘤

Calvatia lilacina (Berk. & Mont.) Lloyd 紫色秃马勃：止血，消肿，解毒

Calvatia tatrensis Hollós 粗皮秃马勃：止血，消炎

Cantharellula umbonata (J.F. Gmel.) Singer 脐突伞：抑肿瘤

Cantharellus cibarius Fr. 鸡油菌：清目，益肠胃，抑肿瘤，治疗呼吸道及消化道感染

Cantharellus minor Peck 小鸡油菌：清目，利肺，益胃

Cantharellus tubaeformis Fr. 管形鸡油菌：抗细菌

Cerrena unicolor (Bull.: Fr.) Murrill 一色齿毛菌：治疗慢性支气管炎，抑肿瘤

Chlorophyllum agaricoides (Czern.) Vellinga 陀螺绿褶伞（灰孢菇）：消肿，止血，清肺，利喉，解毒

Chroogomphus rutilus (Schaeff.: Fr.) O.K. Miller 色钉菇：治神经性皮炎

Clavaria zollingeri Lév. 堇紫珊瑚菌：抑肿瘤

Clitocybe candida Bres. 白杯伞（白雷蘑）：抗细菌

Clitocybe fragrans Sowerby 芳香杯伞：抑肿瘤

Clitocybe geotropa (Bull.) Quél. 肉色杯伞：抑肿瘤

Clitocybe infundibuliformis (Schaeff.) Fr. 杯伞：抑肿瘤

Clitocybe nebularis (Batsch: Fr.) P. Kumm. 水粉杯伞：抗细菌，抑肿瘤

Coprinellus micaceus (Bull.) Vilgalys et al. 晶粒小鬼伞（晶粒鬼伞）：抑肿瘤

Coprinellus radians (Desm.) Vilgalys et al. 辐毛小鬼伞（辐毛鬼伞）：抑肿瘤

Coprinopsis atramentaria (Bull.) Redhead et al. 墨汁拟鬼伞（墨汁鬼伞）：易消化，祛痰，解毒，消肿，抑肿瘤

Coprinopsis cinerea (Schaeff.) Redhead et al. 灰拟鬼伞（长根鬼伞）：抑肿瘤

Coprinopsis friesii (Quél.) P. Karst. 费赖斯拟鬼伞（费赖斯鬼伞）：抑肿瘤

Coprinopsis insignis (Peck) Redhead et al. 疣孢拟鬼伞：抑肿瘤

Coprinopsis lagopus (Fr.) Redhead et al. 白绒拟鬼伞（白绒鬼伞）：抑肿瘤

Coprinus comatus (O.F. Müll.) Pers. 毛头鬼伞（鸡腿菇）：助消化，治疗痔疮，糖尿病，抑肿瘤，抗真菌

Coprinus sterquilinus (Fr.: Fr.) Fr. 粪鬼伞：助消化，祛痰，解毒，消肿，抑肿瘤

Cordyceps crassispora M. Zang et al. 宽孢虫草：强壮，镇静

Cordyceps forquignonii Quél. 蚁虫草：补虚，保肺益肾，治疗肝炎等

Cordyceps gunnii (Berk.) Berk. 冈恩虫草：镇痛，降血压，提高免疫力

Cordyceps hawkesii Gray 霍克斯虫草：滋养，补肾，止血化痰

Cordyceps kyusyuensis A. Kawam. 九州虫草：补肾润肺，强心保肝

Cordyceps martialis Speg. 珊瑚虫草：保肺，益肾

Cordyceps militaris (Fr.) Link 蛹虫草：止血化痰，抗肿瘤，抗菌，补肾，治疗支气管炎

Cordyceps nutans Pat. 垂头虫草：补肺，益肾

Cordyceps ophioglossoides (Ehrh.) Link 大团囊虫草：活血，调经

Cordyceps polyarthra Möller 香棒虫草：补虚，保肺益肾

Cordyceps sinensis (Berk.) Sacc. 冬虫夏草：强壮，镇静，益肾，抑肿瘤，治疗多种肺病

Cordyceps sobolifera (Hill ex Watson) Berk. & Broome 蝉花：清凉，退热，解毒，益肾，治疗糖尿病等

Cordyceps sphecocephala (Klotzsch ex Berk.) Berk. & M.A. Curtis 蜂头虫草：补虚，保肺益肾，止血化痰

Cortinarius bovinus Fr. 牛丝膜菌：抑肿瘤

Cortinarius cinnamomeus (L.: Fr.) Fr. 黄棕丝膜菌：抑肿瘤

Cortinarius collinitus (Pers.: Fr.) Fr. 黏腿丝膜菌：抑肿瘤

Cortinarius hemitrichus (Pers.: Fr.) Fr. 半被毛丝膜菌：抑肿瘤

Cortinarius latus (Pers.: Fr.) Fr. 黄盖丝膜菌：抑肿瘤

Cortinarius lividoochraceus (Berk.) Berk. 蓝赭丝膜菌（较高丝膜菌）：抑肿瘤

Cortinarius mucifluus Fr. 黏丝膜菌：抑肿瘤

Cortinarius pholideus (Fr.) Fr. 鳞丝膜菌：抑肿瘤

Cortinarius salor Fr. 荷叶丝膜菌：抑肿瘤

Cortinarius sanguineus (Wulfen) Fr. 红丝膜菌：抑肿瘤

Cortinariu torvus (Fr.) Fr. 野丝膜菌：抑肿瘤

Cortinarius turmalis Fr. 黄丝膜菌：抑肿瘤

Cortinarius vibratilis (Fr.) Fr. 黏液丝膜菌：抑肿瘤

Cortinarius violaceus (L.: Fr.) Gray 丝膜菌：抑肿瘤

Cryptoporus sinensis Sheng H. Wu & M. Zang 中国隐孔菌：治疗哮喘和气管炎等，抗菌消炎

Cryptoporus volvatus (Peck) Shear 隐孔菌：治疗哮喘和气管炎等，抗菌消炎

Cyathus stercoreus (Schwein.) De Toni 粪生黑蛋巢菌：治疗胃病

Cyathus striatus (Huds.) Willd. 隆纹黑蛋巢菌：抗细菌，治疗胃病

Cyclomyces tabacinus (Mont.) Pat. 浅褐环褶孔菌（丝光薄针孔菌）：抑肿瘤

Dacrymyces palmatus (Schwein.) Burt 掌状花耳：抑肿瘤

Daedalea dickinsii Yasuda 迪氏迷孔菌（肉色栓菌）：抑肿瘤

Daedaleopsis tricolor (Bull.: Mérat) Bondartsev & Singer 三色拟迷孔菌：抑肿瘤

Dictyophora duplicata (Bosc) E. Fisch. 短裙竹荪：治痢疾，增强免疫力，抑菌，抗衰老

Dictyophora indusiata (Vent.) Desv. 长裙竹荪（橙黄鬼笔）：治疗痢疾，降低胆固醇，抑肿瘤

Dictyophora multicolor Berk. & Broome 黄裙竹荪：治脚气，增

强免疫力，抑菌，抗衰老

    Disciseda cervina (Berk.) Hollós 脱顶小马勃：消炎，止血

    Earliella scabrosa (Pers.) Gilb. & Ryvarden 红贝俄氏孔菌（皱褶栓孔菌）：活血，止痒

    Engleromyces goetzei Henn. 肉球菌：消炎，抗菌

    Entoloma abortivum (Berk. & M.A. Curtis) Donk 斜盖粉褶菌：抑肿瘤

    Entoloma clypeatum (L.) P. Kumm. 晶盖粉褶菌：抑肿瘤

    Entoloma sinuatum (Bull.) P. Kumm. 毒粉褶菌：抑肿瘤

    Fistulina hepatica Schaeff.: Fr. 牛排菌：抑肿瘤，治疗肠胃病

    Flammulina velutipes (Curtis: Fr.) Singer 金针菇：益智，降血压，降胆固醇，抑制肿瘤

    Flavodon flavus (Klotzsch) Ryvarden 浅黄黄囊孔菌（黄囊菌）：抑肿瘤

    Fomes fomentarius (L.: Fr.) Fr. 木蹄层孔菌：化瘀，抑肿瘤

    Fomitiporia hartigii (Allesch. & Schnabl) Fiasson & Niemelä 哈蒂嗜蓝孢孔菌：抑肿瘤

    Fomitiporia punctata (P. Karst.) Murrill 斑点嗜蓝孢孔菌（斑褐孔菌）：治疗冠心病

    Fomitiporia robusta (P. Karst.) Fiasson & Niemelä 稀针嗜蓝孢孔菌（稀针木层孔菌）：抑肿瘤

    Fomitopsis officinalis (Vll.: Fr.) Bondartsev & Singer 药用拟层孔菌：降气，消肿，利尿，通便，治疗胃病，抑肿瘤等

    Fomitopsis pinicola (Sw.: Fr.) P. Karst. 红缘拟层孔菌：祛风，除湿，抑肿瘤等

Fomitopsis rosea (Alb. & Schwein.: Fr.) P. Karst. 玫瑰拟层孔菌：抑肿瘤

Ganoderma applanatum (Pers.) Pat. 树舌灵芝：抑肿瘤，抗病毒，降血糖，增强免疫等

Ganoderma lucidum (W. Curtis.: Fr.) P. Karst. 灵芝（赤芝）：健脑，抑肿瘤，降血压，抗血栓，增强免疫等

Ganoderma sinense J.D. Zhao et al. 紫芝：消炎，利尿，益胃，抑肿瘤等

Ganoderma tenue J.D. Zhao et al. 密纹灵芝：镇定，治疗肝炎等

Ganoderma tropicum (Jungh.) Bres. 热带灵芝：治疗冠心病

Ganoderma tsugae Murrill 松杉灵芝：安神补肝，抑肿瘤

Geastrum fimbriatum Fr. 毛咀地星：消炎，止血，解毒

Geastrum triplex Jungh. 尖顶地星：止血，消毒，清肺，利喉，解毒

Geastrum velutinum Morgan 绒皮地星：止血，解毒

Gloeophyllum sepiarium (Wulfen: Fr.) P. Karst. 深褐褶菌：抑肿瘤

Gloeophyllum subferrugineum (Berk.) Bondartsev & Singer 亚锈褐褶菌：顺气，祛湿

Gloeophyllum trabeum (Pers.: Fr.) Murrill 密褐褶菌：抑肿瘤等

Gloeostereum incarnatum S. Ito & S. Iami 肉红胶质韧革菌：提高免疫力，抗细菌，抑肿瘤

Grifola frondosa (Dicks.: Fr.) Gray 灰树花孔菌（灰树花）：治疗肝病、糖尿病、高血压，抑肿瘤，抑制艾滋病毒等

Gymnopilus aeruginosus (Peck) Singer 绿褐裸伞：抑肿瘤等

Gymnopilus liquiritiae (Pers.) P. Karst. 条缘裸伞：抑肿瘤等

Gymnopilus spectabilis (Fr.) Singer 橘黄裸伞：抑肿瘤等

Gyroporus castaneus (Bull.: Fr.) Quél. 褐空柄牛肝菌：抑肿瘤等

Hericium coralloides (Scop.: Fr.) Pers. 珊瑚猴头菌：治疗胃溃疡、神经衰弱，助消化

Hericium erinaceus (Bull.: Fr.) Pers. 猴头菌：抑肿瘤，抗衰老，降血糖，降血脂，抗血栓，提高免疫力

Heterobasidion parviporum Niemelä & Korhonen 小孔异担子菌（多年拟层孔菌）：抗细菌

Hexagonia apiaria Pers.: Fr. 毛蜂窝孔菌：益肠，健胃等

Hohenbuehelia petaloides (Bull.) Schulzer 勺状亚侧耳（密褶亚侧耳）：抑肿瘤

Hydnum repandum L. 齿菌：抑肿瘤等

Hypholoma fasciculare (Fr.) P. Kumm. 簇生垂暮菇（簇生沿丝伞）：抑肿瘤

Hypholoma sublateritium (Schaeff.) Quél. 亚砖红垂暮菇（亚砖红沿丝伞）：抑肿瘤

Hypocrella bambusae (Berk. & Broome) Sacc. 竹生小肉座菌：治疗胃病、关节炎，治疗牛皮癣和白癫疯等

Hypomyces chrysospermus Tul. & C. Tul. 金孢菌寄生菌：止血

Hypomyces hyalinus (Schwein.) Tul. & C. Tul. 歪孢菌寄生菌：解毒菌中毒

Hypsizygus marmoreus (Peck) H.E. Bigelow 斑玉蕈：凝集兔红细胞

Inocutis levis (P. Karst.) Y.C. Dai & Niemelä 光核纤孔菌：抑肿

瘤，治疗糖尿病

Inocutis rheades (Pers.) Fiasson & Niemelä 杨生核纤孔菌（团核褐孔菌）：止血，止痛，治疗痔疮等

Inocutis tamaricis (Pat.) Fiasson & Niemelä 柽柳核纤孔菌：止血，止痛，治疗痔疮等

Inocybe rimosa (Bull.) P. Kumm. 裂丝盖伞（黄丝盖伞）：抑肿瘤

Inonotus cuticularis (Bull.: Fr.) P. Karst. 薄壳纤孔菌：顺气，止血，抑肿瘤

Inonotus hispidus (Bull.: Fr.) P. Karst. 粗毛纤孔菌（粗毛褐孔菌）：治疗消化不良，止血，抑肿瘤

Inonotus obliquus (Pers.: Fr.) Pilát 桦褐孔菌：增强免疫功能，降血糖，抑肿瘤

Irpex hydnoides Y.W. Lim & H.S. Jung 齿状囊耙齿菌：治尿少、浮肿、腰痛、高血压等症，具抗炎活性

Irpex lacteus (Fr.: Fr.) Fr. 白囊耙齿菌：治尿少、浮肿、腰痛、高血压，具抗炎活性

Ischnoderma resinosum (Fr.) P. Karst. 松脂皱皮孔菌：抑肿瘤

Laccaria amethystea (Bull.) Murrill 紫蜡蘑：抑肿瘤

Laccaria laccata (Scop.) Cooke 蜡蘑：抑肿瘤

Laccaria proxima (Boud.) Pat. 柄条蜡蘑：抑肿瘤

Laccaria tortilis (Bolton) Cooke 刺孢蜡蘑：抑肿瘤

Laccocephalum mylittae (Cooke & Massee) Núñez & Ryvarden 雷丸菌（菌核部分是雷丸）：杀虫，除热

Lactarius chichuensis W.F. Chiu 鸡足山乳菇（香乳菇）：抑肿瘤

Lactarius deliciosus (L.) Gray 松乳菇：抑肿瘤

Lactarius hatsudake Tanaka 红汁乳菇：抑肿瘤

Lactarius hygrophoroides Berk. & M.A. Curtis 稀褶乳菇：抑肿瘤

Lactarius pallidus Pers. 苍白乳菇：抑肿瘤

Lactarius picinus Fr. 黑乳菇：治疗腰酸腿疼，手足麻木

Lactarius piperatus (L.) Pers. 白乳菇：治疗腰酸腿疼，手足麻木，抑肿瘤

Lactarius subvellereus var. subdistans Hesler & A.H. Sm. 亚绒盖乳菇亚球变种：抑肿瘤

Lactarius subvellereus var. subvellereus Peck 亚绒盖乳菇原变种：舒筋活络，抑肿瘤

Lactarius subzonarius Hongo 亚香环纹乳菇：抑肿瘤

Lactarius vellereus (Fr.: Fr.) Fr. 绒白乳菇：治疗腰酸腿疼、手足麻木、抑肿瘤

Lactarius volemus (Fr.: Fr.) Fr. 多汁乳菇：抑肿瘤

Lactarius zonarius (Bull.) Fr. 香环纹乳菇（环纹苦乳菇）：治疗腰酸腿疼、手足麻木

Laetiporus sulphureus (Bull.: Fr.) Murrill 硫磺菌：补益气血，抑肿瘤

Laetiporus versisporus (Lloyd) Imazeki 变孢绚孔菌：含三萜等药用成分

Lampteromyces japonicus (Kawam.) Singer 月夜菌：抑肿瘤

Lasiosphaeria fenzlii Rchb. 脱皮马勃：清肺，止血，消肿，解毒，利喉

Lentinellus cochleatus (Pers.) P. Karst. 贝壳小香菇：抑肿瘤

Lentinula edodes (Berk.) Pegler 香菇：增强免疫力，降低胆固醇，降血压，抑肿瘤，抗病毒

Lentinus lepideus (Fr.) Fr. 豹皮斗菇：抑肿瘤

Lentinus strigosus (Schwein.) Fr. 粗毛斗菇（革耳）：治疗疮痂，抑肿瘤

Lentinus tuber-regium (Fr.) Fr. 菌核斗菇（菌核侧耳）：抑肿瘤，抗菌，治疗心血管病和神经疾病

Lenzites betulina (L.: Fr.) Fr. 桦褶孔菌：散寒，舒筋等

Lepista irina (Fr.) H.E. Bigelow 肉色香蘑：抑肿瘤

Lepista luscina (Fr.) Singer 灰色香蘑：抑肿瘤

Lepista nuda (Bull.) Cooke 紫丁香蘑：抗细菌，抑肿瘤

Lepista sordida (Fr.) Singer 花脸香蘑：养血，益神，补肝

Leucopaxillus giganteus (Sowerby) Singer 雷蘑：益气，散热，治疗伤风感冒，抗结核病

Lycoperdon asperum (Lév.) Speg. 粒皮马勃：止血，抗菌

Lycoperdon mammiforme Pers. 白鳞马勃：止血，抗菌

Lycoperdon perlatum Pers. 网纹马勃：消肿，止血，清肺，利喉，解毒，抗菌

Lycoperdon pyriforme Schaeff. 梨形灰包：止血，清肺，利喉，解毒，抑肿瘤，抗菌

Lycoperdon umbrinum Pers. 暗褐马勃：消炎，止血，抗菌

Lycoperdon utriforme Bull. 龟裂马勃（龟裂秃马勃）：消炎，解毒，止血，抗菌

Lycoperdon wrightii Berk. & M.A. Curtis 白刺马勃：止血，消炎，解毒，抗菌

Lyophyllum decastes (Fr.) Singer 荷叶离褶伞（簇生离褶伞）：抑肿瘤

Lyophyllum semitale (Fr.) Kühner ex Kalamees 黑染离褶伞：抑肿瘤

Lyophyllum transforme (Britzelm.) Singer 角孢离褶伞：抑肿瘤

Lyophyllum ulmarius (Bull.: Fr.) Kühner 榆干离褶伞：抑肿瘤

Lysurus mokusin (L.) Fr. 棱柱散尾菌：抑肿瘤

Macrolepiota procera (Scop.: Fr.) Singer 高大环柄菇（高环柄菇）：助消化

Marasmiellus ramealis (Bull.) Singer 枝干微皮伞：抗细菌，抑肿瘤

Marasmius androsaceus (L.) Fr. 安络小皮伞：治疗关节痛，抑肿瘤

Marasmius oreades (Bolton) Fr. 硬柄小皮伞：治疗腰酸腿疼、手足麻木，抑肿瘤

Megacollybia platyphylla (Pers.) Kotl. & Pouzar 宽褶大金钱菌（宽褶菇）：抑肿瘤

Melanoporia castanea (Imazeki) T. Hatt. & Ryvarden 栗生灰黑孔菌：抑肿瘤

Meripilus giganteus (Pers.: Fr.) P. Karst. 巨盖孔菌（亚灰树花）：抑肿瘤

Montagnea arenaria (DC.) Zeller 沙生蒙氏假菇：消炎，止血

Montagnea tenuis (Pat.) Teng 细弱蒙氏假菇：消炎，止血

Morchella angusticeps Peck 黑脉羊肚菌：治疗肠胃病

Morchella crassipes (Vent.) Pers. 粗柄羊肚菌：消化不良，化痰

Morchella deliciosa Fr. 美味羊肚菌：消化不良，化痰

Morchella esculenta (L.) Pers. 羊肚菌：益肠，化痰，补肾，抑肿瘤

Morchella hortensis Boud. 庭院羊肚菌：抑肿瘤

Morchella vulgaris (Pers.) Boud. 常见羊肚菌（尖顶羊肚菌）：益肠，化痰

Mycena alcalina (Fr.) P. Kumm. 褐小菇：抑肿瘤

Mycena galericulata (Scop.) Gray 灰盖小菇：抑肿瘤

Mycena haematopus (Pers.) P. Kumm. 红汁小菇：抑肿瘤

Mycena pura (Pers.) P. Kumm. 洁小菇：抑肿瘤

Mycena roseomarginata Hongo 红边小菇：抑肿瘤

Mycena subaquosa A.H. Sm. 浅白小菇：抑肿瘤

Mycenastrum corium (Guers.) Desv. 栓皮马勃：消肿，止血，解毒，利喉

Neolentinus adhaerens (Alb. & Schwein.) Redhead & Ginns 黏新香菇（黏斗菇）：抑肿瘤

Oligoporus obductus (Berk.) Gilb. & Ryvarden 骨干酪孔菌（白树花）：抑肿瘤

Onnia flavida (Berk.) Y.C. Dai 浅黄昂尼孔菌（松鼠状针孔菌）：抑肿瘤

Onnia vallata (Berk.) Y.C. Dai & Niemelä 墙昂尼孔菌（东方针孔菌）：抑肿瘤

Oudemansiella mucida (Schrad.) Höhn. 白环黏奥德蘑：抗真菌，抑肿瘤

Oudemansiella radicata (Relhan) Singer 长根奥德蘑：降血压，

抑肿瘤

Oxyporus corticola (Fr.) Ryvarden 皮生锐孔菌（皮生卧孔菌）：抗细菌，抑肿瘤

Panellus edulis Y.C. Dai et al. 美味扇菇（亚侧耳）：增强免疫力，抑肿瘤

Panellus stipticus (Bull.) P. Karst. 鳞皮扇菇：止血，抑肿瘤

Panus conchatus (Bull.) Fr. 紫革耳：治疗腰酸腿疼、手足麻木，抑肿瘤

Parasola plicatilis (Curtis) Redhead et al. 褶纹近地伞（褶纹鬼伞）：抑肿瘤

Paxillus involutus (Batsch: Fr.) Fr. 卷边网褶菌：腰腿疼痛，手足麻木等

Perenniporia fraxinea (Bull.: Fr) Ryvarden 白蜡多年卧孔菌（红颊拟层孔菌）：抑肿瘤

Perenniporia martius (Berk.) Ryvarden 角壳多年卧孔菌（硬壳层孔菌）：止血，止痒

Perenniporia robiniophila (Murrill) Rvarden 槐生多年卧孔菌：提高免疫力，抑肿瘤

Perenniporia subacida (Peck) Donk 黄白多年卧孔菌（黄白卧孔菌）：抑肿瘤

Phaeolepiota aurea (Matt.) Maire 金黄褐伞（金黄鳞伞）：抑肿瘤

Phaeolus schweinitzii (Fr.: Fr.) Pat. 栗褐暗孔菌（大孔褐瓣菌）：抑肿瘤

Phallus impudicus L. 白鬼笔：活血，祛痛，治疗风湿，清肺

Phallus rubicundus (Bosc) Fr. 红鬼笔：散毒，消肿

Phellinidium lamaënse (Murrill) Y.C. Dai 橡胶小木层孔菌：抑肿瘤

Phellinus baumii Pilát 鲍姆木层孔菌（裂蹄针层孔菌）：抑肿瘤，降血脂以及抗肺炎

Phellinus conchatus (Pers.: Fr.) Quél. 贝木层孔菌：活血，解毒，抑肿瘤，增强免疫力等

Phellinus gilvus (Schwein.: Fr.) Pat. 淡黄木层孔菌：补脾，祛湿，健胃，抑肿瘤，增强免疫力等

Phellinus himalayensis Y.C. Dai 喜马拉雅木层孔菌（松木层孔菌）：抑肿瘤，增强免疫力

Phellinus igniarius (L.: Fr.) Quél. sensu lato 火木层孔菌：止血，抑肿瘤

Phellinus laevigatus (Fr.) Bourdot & Galzin 平滑木层孔菌：抑肿瘤，增强免疫力等

Phellinus laricis (Jaczewski in Pilát) Pilát 落叶松木层孔菌：抑肿瘤，增强免疫力等

Phellinus lonicericola Parmasto 忍冬木层孔菌：抑肿瘤，增强免疫力等

Phellinus lundellii Niemelä 隆氏木层孔菌：抑肿瘤，增强免疫力等

Phellinus macgregorii (Bres.) Ryvarden 平伏木层孔菌（平伏褐层孔菌）：抑肿瘤，增强免疫力等

Phellinus pini (Brot.: Fr.) A. Ames 松木层孔菌：抑肿瘤，增强免疫力等

Phellinus rimosus (Berk.) Pilát 裂蹄木层孔菌（裂褐层孔菌）：

益气，补血，抑肿瘤，增强免疫力等

Phellinus setulosus (Lloyd) Imazeki 毛木层孔菌：抑肿瘤，增强免疫力等

Phellinus torulosus (Pers.) Bourdot & Galzin 宽棱木层孔菌：解毒，治疗贫血

Phellinus tremulae (Bondartsev) Bondartsev & Borisov 窄盖木层孔菌：抑肿瘤，增强免疫力等

Phellinus tuberculosus (Baumg.) Niemelä 苹果木层孔菌：抑肿瘤，增强免疫力等

Phellinus vaninii Ljub. 瓦宁木层孔菌：抑肿瘤，增强免疫力等

Phellinus yamanoi (Imazeki) Parmasto 山野木层孔菌：抑肿瘤，增强免疫力等

Phellorinia inquinans Berk 歧裂灰孢：止血，消肿

Phlebia tremellosa (Schrad.) Nakasone & Burds. 胶射脉革菌（胶皱孔菌）：抑肿瘤

Pholiota adiposa (Batsch) P. Kumm. 多脂鳞伞：抗细菌，增强免疫力

Pholiota flammans (Batsch) P. Kumm. 黄鳞伞：抑肿瘤

Pholiota highlandensis (Peck) A.H. Sm. & Hesler 高地鳞伞（烧地鳞伞）：抑肿瘤

Pholiota lenta (Pers.) Singer 黏鳞伞：抑肿瘤

Pholiota lubrica (Pers.) Singer 黏皮鳞伞：抑肿瘤

Pholiota nameko (T. Ito) S. Ito & S. Imai 光滑鳞伞：抗细菌，抑肿瘤

Pholiota populnea (Pers.) Kuyper & Tjall.-Beuk. 杨树鳞伞（白

鳞伞）：抑肿瘤

Pholiota spumosa (Fr.) Singer 黄褐鳞伞：抑肿瘤

Pholiota terrestris Overh. 土生鳞伞：抑肿瘤

Phylloporia ribis (Schumach.: Fr.) Ryvarden 茶藨子叶状层菌：抑肿瘤

Piptoporus betulinus (Bull.: Fr.) P. Karst. 桦剥管孔菌：抗菌，抑肿瘤

Pisolithus tinctorius (Pers.) Coker & Couch 豆包菌：消肿，止血

Pleurotus citrinopileatus Singer 金顶侧耳（榆黄蘑）：提高免疫力，抑肿瘤，降血脂

Pleurotus cornucopiae (Paulet) Rolland 白黄侧耳：抑肿瘤

Pleurotus dryinus (Pers.) P.Kumm. 栎生侧耳（裂皮侧耳）：治疗肺气肿

Pleurotus ferulae Lanzi 阿魏侧耳：治疗胃病

Pleurotus ostreatus (Jacq.) P. Kumm. 糙皮侧耳（平菇）：治疗腰腿疼痛、手足麻木、筋络不疏，抑肿瘤

Pleurotus pulmonarius (Fr.) Quél. 肺形侧耳：抑肿瘤

Pleurotus spodoleucus (Fr.) Quél. 长柄侧耳：抑肿瘤

Podaxis pistillaris (L.) Fr. 轴灰包：消毒，止血，清肺，利喉，解毒

Podostroma yunnanensis M. Zang 滇肉棒：止血

Polyporus arcularius Batsch: Fr. 漏斗多孔菌：抑肿瘤

Polyporus elegans Bull.: Fr. 雅致多孔菌：舒筋活络

Polyporus melanopus (Pers.: Fr.) Fr. 黑柄多孔菌（黑柄拟多孔菌）：抑肿瘤

Polyporus mori (Pollini: Fr.) Fr. 桑多孔菌（大孔菌）：抑肿瘤

Polyporus rhinocerus Cooke 孤苓多孔菌：治疗肝病和胃病

Polyporus squamosus (Huds.: Fr.) Fr. 宽鳞多孔菌：抑肿瘤

Polyporus umbellatus (Pers.) Fr. 伞形多孔菌（菌核部分是猪苓）：利尿，抑肿瘤，治肝病

Polyporus varius Pers.: Fr. 变形多孔菌：祛风寒，舒筋活络

Postia guttulata (Peck) Jülich 油斑泊氏孔菌（扇盖干酪菌）：抑肿瘤

Postia lactea (Fr.: Fr.) P. Karst. 奶油泊氏孔菌（蹄形干酪菌）：抑肿瘤

Pseudoclitocybe cyathiformis (Bull.) Singer 灰假杯伞：抑肿瘤

Pseudohydnum gelatinosum (Scop.) P. Karst. 虎掌刺银耳：抑肿瘤

Pseudomerulius aureus (Fr.) Jülich 黄假皱孔菌：抑肿瘤

Pulveroboletus ravenelii (Berk. & M.A. Curtis) Murrill 黄粉牛肝菌：治疗腰腿疼痛、手足麻木、筋络不疏

Pycnoporus cinnabarinus (Jacq.: Fr.) P. Karst. 鲜红密孔菌（红栓菌）：清热，消炎，抑肿瘤等

Pycnoporus sanguineus (L.: Fr.) Murrill 血红密孔菌（血红栓菌）：抗细菌，抑肿瘤，去风湿，止血，止痒

Pyrrhoderma adamantinum (Berk.) Imazeki 硬红皮孔菌（硬皮褐层孔菌）：治疗胃病

Ramaria apiculata (Fr.) Donk 尖枝珊瑚菌：抑肿瘤

Ramaria aurea (Schaeff.) Quél. 金黄枝珊瑚菌：抑肿瘤

Ramaria flava (Schaeff.) Quél. 黄枝珊瑚菌：抑肿瘤

Ramaria formosa (Pers.) Quél. 粉红枝珊瑚菌：抑肿瘤

Ramaria hemirubella R.H. Petersen & M. Zang 淡红枝珊瑚菌（葡萄枝珊瑚）：抑肿瘤

Rhizopogon piceus Berk. & M.A. Curtis 黑根须腹菌：止血

Rhizopogon roseolus (Corda) Th. Fr. 玫瑰须腹菌（红根须腹菌）：抑肿瘤

Rhodophyllus ater Hongo 黑紫粉褶菌：抑肿瘤

Rhodophyllus murrayi (Berk. & M.A. Curtis) Singer 方孢粉褶菌：抑肿瘤

Rhodophyllus nidorosus (Fr.) Quél. 臭粉褶菌：抑肿瘤

Rhodophyllus salmoneus (Peck) Singer 赭红粉褶菌：抑肿瘤

Rigidoporus ulmarius (Sow.: Fr.) Imazeki 榆硬孔菌（榆拟层孔菌）：抑肿瘤，补骨

Rozites caperatus (Pers.) P. Karst. 皱盖罗鳞伞：抑肿瘤

Russula adusta (Pers.) Fr. 烟色红菇：抑肿瘤

Russula alutacea (Fr.) Fr. 革质红菇：通筋活络，抑肿瘤

Russula aurea Pers. 橙黄红菇：抑肿瘤

Russula crustosa Peck 壳状红菇：抑肿瘤

Russula cyanoxantha (Schaeff.) Fr. 蓝黄红菇：抑肿瘤

Russula delica Fr. 美味红菇：抑肿瘤

Russula densifolia Secr. ex Gillet 密褶红菇：治疗腰酸腿疼、手足麻木，抑肿瘤

Russula emetica (Schaeff.) Pers. 毒红菇：抑肿瘤

Russula foetens (Pers.) Pers. 臭红菇：治疗腰酸腿疼、手足麻木，抑肿瘤

Russula grata Britzelm. 可爱红菇（拟臭红菇）：抑肿瘤

Russula integra (L.) Fr. 全缘红菇：治疗腰酸腿疼、手足麻木

Russula lilacea Quél. 淡紫红菇：抑肿瘤

Russula nigricans (Bull.) Fr. 黑红菇：治疗腰酸腿疼，手足麻木，抑肿瘤

Russula pseudodelica J.E. Lange 假美味红菇：抑肿瘤

Russula rosea Pers. 红色红菇（红菇）：抑肿瘤

Russula rubescens Beardslee 变黑红菇：抑肿瘤

Russula sanguinea (Bull.) Fr. 血红菇：抑肿瘤

Rusula senecis S. Imai 点柄黄红菇：抑肿瘤

Russula sororia Fr. 黄茶红菇：抑肿瘤

Rusula vesca Fr. 菱红菇：助消化，抑肿瘤

Russula vinosa Lindblad 葡酒红菇：治疗贫血

Russula virescens (Schaeff.) Fr. 变绿红菇：明目，抑肿瘤

Russula xerampelina (Schaeff.) Fr. 黄孢红菇：抑肿瘤

Sarcodon imbricatus (L.: Fr.) P. Karst. 翘鳞肉齿菌：降低胆固醇

Schizophyllum commune Fr. 裂褶菌：治疗神经衰弱，消炎，抑肿瘤

Schizostoma bailingmiaoense B. Liu et al. 百灵庙裂顶灰錘：止血

Schizostoma dengkouense B. Liu et al. 磴口裂顶灰錘：止血

Schizostoma laceratum Ehrenb. 裂顶灰錘：消毒，止血，解毒

Schizostoma ulanbuhense B. Liu et al. 乌兰布和裂顶灰錘：止血

Scleroderma areolatum Ehrenb. 马勃状硬皮马勃：消炎，止血

Scleroderma bovista Fr. 大孢硬皮马勃：消炎，止血

Scleroderma cepa Pers. 光硬皮马勃：解毒，消肿，止血

Scleroderma citrinum Pers. 橙黄硬皮马勃：消炎

Scleroderma flavidum Ellis & Everh. 黄硬皮马勃：消炎

Scleroderma polyrhizum (J.F. Gmel.) Pers. 多根硬皮马勃：消肿，止血

Scleroderma verrucosum (Bull.) Pers. 疣硬皮马勃：止血

Sclerotinia sclerotiorum (Lib.) de Bary 核盘菌：抑肿瘤

Serpula lacrimans (Wulfen: Fr.) P. Karst. 干朽菌：抑肿瘤

Shiraia bambusicola Henn. 竹黄：止咳，舒筋，益气，补血，通经等

Simblum gracile Berk. 黄炳笼头菌：抑肿瘤

Sparassis latifolia Y.C. Dai & Zheng Wang 广叶绣球菌：抗菌

Stereum gausapatum (Fr.) Fr. 烟色韧革菌：抑肿瘤

Stereum hirsutum (Wiilld.) Pers. 毛韧革菌：抑肿瘤

Strobilomyces strobilaceus (Scop.) Berk. 松塔牛肝菌：抑肿瘤

Stropharia squamosa (Pers.) Quél. 鳞球盖菇（鳞盖韧伞）：抑肿瘤

Suillus bovinus (L.) Roussel 黏盖牛肝菌：抑肿瘤

Suillus granulatus (L.) Roussel 点柄黏盖牛肝菌：治疗大骨节病，抑肿瘤

Suillus grevillei (Klotzsch: Fr.) Singer 厚环黏盖牛肝菌：治腰腿痛疼、手足麻木，抑肿瘤

Suillus luteus (L.: Fr.) Roussel 黄浮牛肝菌：治疗大骨节病，抑肿瘤

Suillus viscidus (L.) Fr. 灰粘盖牛肝菌（灰环黏盖牛肝菌）：抑肿瘤

Taiwanofungus camphoratus (M. Zhang & C.H. Su) Sheng H. Wu et al. 牛樟芝：抑肿瘤

Tephrocybe anthracophila (Lasch) P.D. Orton 黑灰顶伞（炭色离褶伞）：抑肿瘤

Terfezia arenaria (Moris) Trappe 瘤孢地菇：抑肿瘤

Termitomyces eurhizus (Berk.) R. Heim 根白蚁伞：益胃，治疗痔疮，抑肿瘤

Thelephora vialis Schwein. 莲座革菌：治疗腰腿痛疼、手足麻木

Trametes elegans (Spreng.: Fr.) Fr. 雅致栓孔菌（紫椴栓菌）：驱风，止痒

Trametes gibbosa (Pers.: Fr.) Fr. 迷宫栓孔菌：抑肿瘤

Trametes hirsuta (Wulfen: Fr.) Pilát 毛栓孔菌（毛革盖菌）：治疗风湿，止咳，化脓，抑肿瘤

Trametes orientalis (Yasuda) Imazeki 东方栓孔菌（绒拟革盖菌）：治疗肺病，抑肿瘤

Trametes pubescens (Schumach.: Fr.) Pilát 绒毛栓孔菌（毛盖干酪菌）：抑肿瘤

Trametes versicolor (L.: Fr.) Pilát 云芝栓孔菌（云芝）：清热，消炎，抑肿瘤，治肝病等

Tremella aurantia Schwein. 橙黄银耳（金耳）：化痰，止咳，降血压，抑肿瘤

Tremella aurantialba Bandoni & M. Zang 黄白银耳：治气喘，化痰，气管炎，高血压等

Tremella foliacea Pers. 茶色银耳：治疗妇科病

Tremella fuciformis Berk. 银耳：补肾，滋阴，润肺，清热，补脑等

Tremella mesenterica Retz. 黄银耳（橙黄银耳）：治疗神经衰弱，气喘，高血压等

Tremella samoensis Lloyd 橙银耳：益气

Tremella sanguinea Y.B. Peng 血红银耳：治疗妇科病

Tremiscus helvelloides (DC.) Donk 鞍形胶勺耳（焰耳）：抑肿瘤

Trichaptum abietinum (Pers.: Fr.) Ryvarden 冷杉附毛孔菌（冷杉附囊孔菌）：抑肿瘤

Trichaptum biforme (Fr.) Ryvarden 二型附毛孔菌（二型革盖菌）：抗细菌，抗真菌，抑肿瘤

Trichaptum byssogenum (Jungh.) Ryvarden 毛囊附毛孔菌（长毛囊孔菌）：抑肿瘤

Trichaptum fuscoviolaceum (Ehrenb.: Fr.) Ryvarden 褐紫附毛孔菌（褐紫囊孔菌）：抑肿瘤

Tricholoma acerbum (Bull.) Vent. 苦口蘑：抑肿瘤

Tricholoma albobrunneum (Pers.) P. Kumm. 白棕口蘑：抑肿瘤

Tricholoma album (Schaeff.) P. Kumm. 白口蘑：抑肿瘤

Tricholoma bakamatsutake Hongo 假松口蘑：抑肿瘤

Tricholoma flavovirens (Pers.) S. Lundell 油黄口蘑：抑肿瘤

Tricholoma fulvum (Bull.) Sacc. 黄褐口蘑：抑肿瘤

Tricholoma matsutake (S. Ito & S. Imai) Singer 松口蘑：益胃肠，抑制肿瘤，治支气管炎

Tricholoma mongolicum S. Imai 蒙古口蘑：肠益气，散血热，治疗小儿麻疹等

Tricholoma muscarium A. Kawam 毒蝇口蘑：抑肿瘤

Tricholoma orirubens Quél. 粉褶口蘑：抑肿瘤

Tricholoma populinum J.E. Lange 杨树口蘑：治疗过敏性血管炎

Tricholoma portentosum (Fr.) Quél. 灰褐纹口蘑：抑肿瘤

Tricholoma robustum (Alb. & Schwein.) Ricken 粗壮口蘑：抑肿瘤

Tricholoma saponaceum (Fr.) P. Kumm. 皂味口蘑：抗细菌

Tricholoma sejunctum (Sowerby) Quél. 黄绿口蘑：抑肿瘤

Tricholoma sulphureum (Bull.) P. Kumm. 硫磺口蘑：抑肿瘤

Tricholoma ustale (Fr.) P. Kumm. 褐黑口蘑：抑肿瘤

Tricholoma vaccinum (Schaeff.) P. Kumm. 红鳞口蘑：抑肿瘤

Tricholoma virgatum (Fr.) P. Kumm. 突顶口蘑：抑肿瘤

Tricholomopsis bambusina Hongo 竹林拟口蘑：抑肿瘤

Tulostoma brevistipitatum B. Liu et al. 短柄灰包：止血

Tulostoma brumale Pers. 灰柄灰包：止血

Tulostoma cretaceum Long 石灰色柄灰包：止血

Tulostoma helanshanense B. Liu et al. 贺兰柄灰包：止血

Tulostoma jourdanii Pat. 白柄灰包：消肿，止血，清肺，利喉，解毒

Tulostoma kotlabae Pouzar 小柄柄灰包：止血，消炎

Tulostoma lloydii Bres. 爱劳德柄灰包：止血

Tulostoma sabulosum B. Liu et al. 沙漠柄灰包：止血

Tulostoma verrucosum Morgan 被疣柄灰包：止血

Volvariella volvacea (Bull.: Fr.) Singer 草菇：治疗坏血症，抑肿瘤

Wolfiporia cocos (Schwein.) Ryvarden & Gilb. 茯苓菌（菌核部分是茯苓）：止咳，利尿，安神，退热，抑肿瘤

Xeromphalina campanella (Batsch) Maire 黄干脐菇：抑肿瘤

Xylaria nigripes (Klotzsch) Sacc. 黑柄炭角菌：利便，补肾，增

强免疫力等

Xylaria sanchezii Lloyd 笔状炭角菌：利便

Xylobolus annosus (Berk. & Broome) Boidin 平伏木革菌（平伏韧革菌）：抑肿瘤

Xylobolus frustulatus (Pers.) Boidin 丛片木革菌（丛片韧革菌）：抑肿瘤

Xylobolus subpileatus (Berk. & M.A. Curtis) Boidin 亚盖木革菌（硬笋革菌）：抑肿瘤

参考文献

[1] 刘波. 中国药用真菌[M]. 太原：山西人民出版社，1984.

[2] 应建浙等. 中国药用真菌图鉴[M]. 北京：科学出版社，1987.

[3] 徐树楠等. 神农本草经中医经典通释[M]. 郑州：河南科学技术出版社，1994.

[4] 李时珍. 本草纲目[M]. 重庆：重庆大学出版社，1994.

[5] 徐锦堂. 中国药用真菌学[M]. 北京：北京医科大学北京协和医科大学联合出版社，1997.

[6] 黄年来. 中国大型真菌原色图鉴[M]. 北京：中国农业出版社，1998.

[7] 卯晓岚. 中国经济真菌[M]. 北京：科学出版社，1998.

[8] 林树钱. 中国药用真菌[M]. 北京：中国农业出版社，2000.

[9] 陈士瑜等. 蕈菌医方集成[M]. 上海：上海科学技术文献出版社，2000.

[10] 林志彬. 灵芝的现代研究（第三版）[M]. 北京：北京医科大学出版社，2001.

[11] 苏庆华. 健康的守护神：国宝樟芝[M]. 台北：爱克思文化，2002.

[12] 陈国良等. 功效非凡的食用菌[M]. 上海：上海科学技术出版社，2005.

[13] 吴兴亮等. 中国药用真菌[M]. 北京：科学出版社，2013.

[14] 戴玉成等. 中国药用真菌图志[M]. 哈尔滨：东北林业大学出版社，2013.

[15] 袁明生等．中国大型真菌彩色图谱[M]．成都：四川科学技术出版社，2013．

[16] 李增智等．国宝虫草金蝉花[M]．合肥：合肥工业大学出版社，2014．

[17] 赵宗杰．樟芝的现代研究[M]．中国香港：香港中医科学出版社，2014．

[18] 王广慧．食药用真菌中的生物活性物质及其应用研究[M]．哈尔滨：黑龙江大学出版社，2015．

另曾参考多家高校学报和科技期刊，因刊物众多，刊名和文献作者未能逐一标明，谨此向有关刊物和作者深致歉意。

常见药用真菌图鉴

图1　赤芝

图2　紫芝

图3　大棚灵芝

图4　牛樟芝

图5　牛樟树

图6　桦褐孔菌

图7　桦树上的桦褐孔菌

图8　蛹虫草

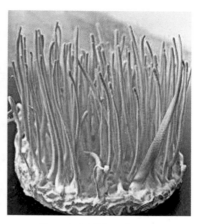

图9　代料栽培的蛹虫草

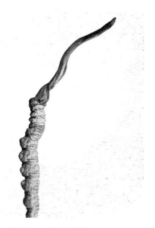

图10　冬虫夏草

图11　开挖前的冬虫夏草

常见药用真菌图鉴　│　183

图12　蝉花

图13　刚挖出的蝉花

图14　香菇

图15　猴头菇

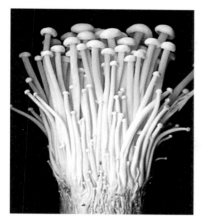

图16　金针菇

图17　黑木耳

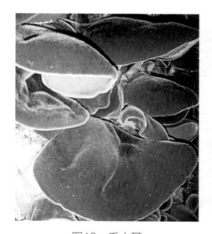

图18　毛木耳

图19　银耳

图20 竹荪

图21 茯苓

图22 桑黄

图23 云芝

图24　树舌

图25　假芝

图26　松杉灵芝

图27　槐耳

图28 猪苓

图29 块菌

图30 牛肝菌

图31 羊肚菌

图32　茶薪菇

图33　灰树花

图34　蜜环菌

图35　亮菌

图36　安络小皮伞

图37　雷丸

图38　马勃

图39　竹黄